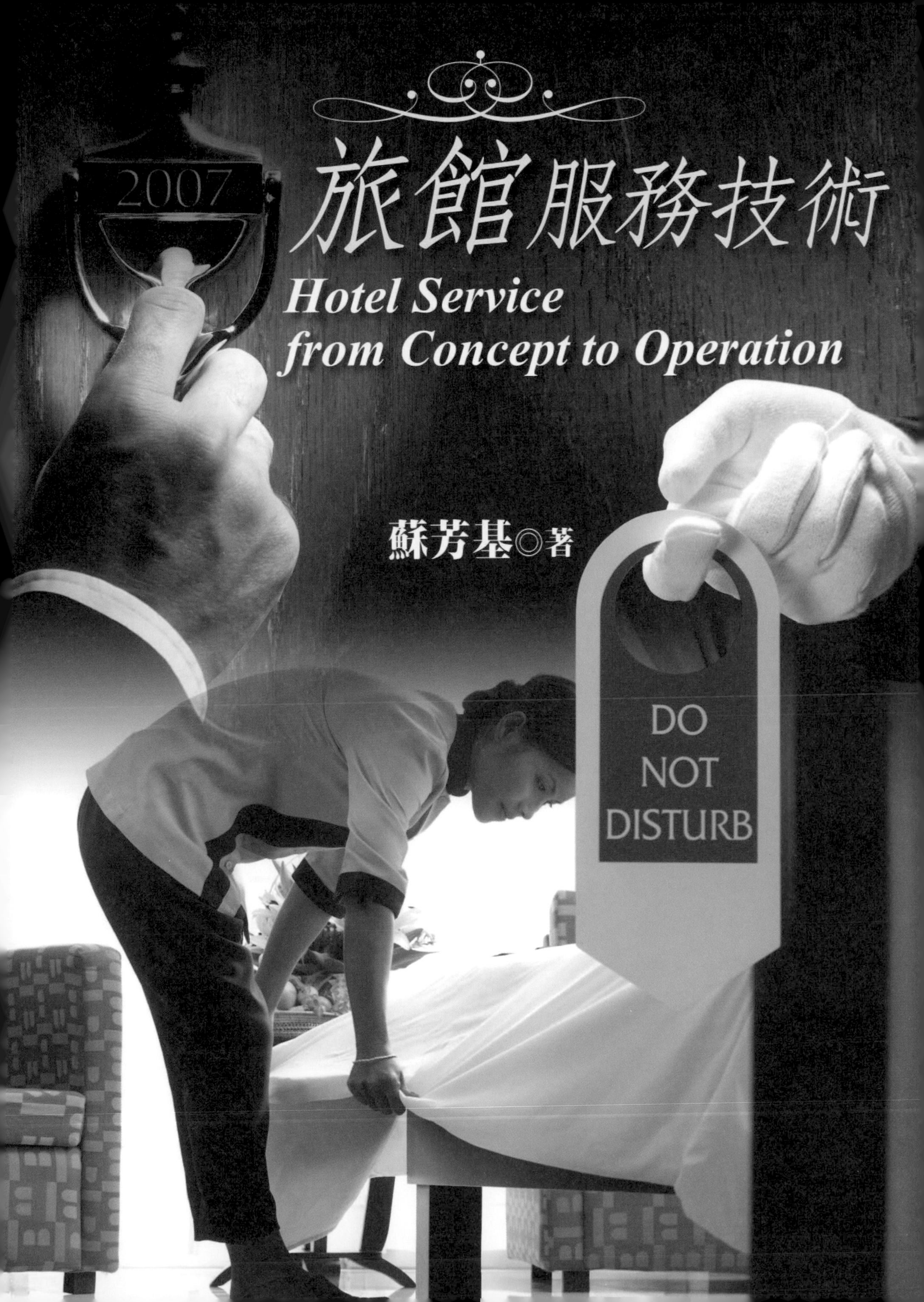
2007
旅館服務技術
Hotel Service
from Concept to Operation
蘇芳基◎著
DO
NOT
DISTURB

序

隨著時代變遷，人類科技文明的進步，使得傳統產業結構因而轉變為以服務業為主的第三產業。為配合全球發展趨勢，政府積極推展觀光藍海策略，以營造優質的觀光旅遊環境，使台灣成為亞洲觀光大國。因此，不斷引進國際知名連鎖旅館品牌進駐，新建觀光旅館也陸續出現，使得國內旅館人力資源需求倍增。

為配合現代旅館國際化、連鎖化發展及人力培訓之需，並協助國內技職院校觀光餐旅科系學生能對旅館服務及其作業有正確的體認，進而順利取得各類專業證照，乃將作者在2008年出版的《餐旅服務管理》乙書重新編寫，並將當前旅館服務所需的最新知能與房務作業技能檢定等相關考題，予以系統化統整，作為本書撰寫的理論架構，期盼本書的出版能為國內觀光餐旅人才的培育略盡棉薄之力。

本書得以順利付梓，首先要感謝新北市深坑假日飯店、台北維多利亞酒店、北投加賀屋溫泉旅館及景文科大旅館系王斐青主任等之協助拍攝事宜。此外，更要感謝揚智文化事業葉總經理、閻總編輯及工作夥伴之熱心協助，特此申謝。本書雖經嚴謹校正，力求完美，唯現代旅館服務管理之新知日新月異，若有疏漏欠妥之處，尚祈先進賢達不吝賜正，俾使再版予以訂正。

蘇芳基 謹識

2013年5月

目 錄

Chapter 4 旅館客房設備、器具與備品 59

Chapter 5 房務鋪設作業實務 89

Chapter 6 旅館客房的清潔維護 161

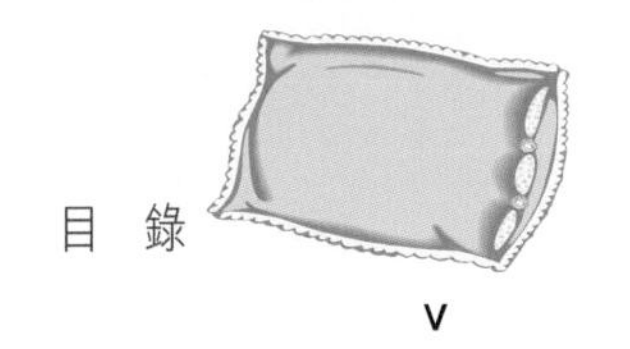

Chapter 1

旅館服務管理緒論

單元學習目標

- ◆瞭解服務品質的意義
- ◆瞭解影響餐旅服務品質的因子
- ◆瞭解餐旅服務品質評量的方法
- ◆瞭解旅館產品及其特性
- ◆瞭解旅館客房的類別
- ◆培養餐旅服務品質的鑑賞能力

旅館係提供旅客膳宿、休閒體驗及食、衣、住、行、育、樂等各方面服務的觀光餐旅產業。旅館主要的產品不僅只是單純的客房，而是涵蓋有形與無形的接待服務，期使旅客感受到賓至如歸與溫馨的人情味，此乃現代旅館的時代使命，也是Hospitality的精神。本章將就餐旅服務品質、旅館的產品與特性、旅館客房的類別及旅館服務品質的管理等基本概念，予以分別逐節介紹，期使讀者能對旅館服務管理有正確的體認。

第一節　餐旅服務品質的意義

現代餐旅產業為提升市場競爭力，爭取目標市場有限的客源，均不斷研發改良創新服務產品，追求優質的餐旅服務品質，期以滿足市場消費者之需求。然而何謂「餐旅服務品質」呢？茲就餐旅服務品質的概念摘述如下：

一、服務品質的基本概念

(一)國外專家學者的看法

◆Karvin（1983）

所謂服務品質係一種認知性的品質，而非目標性品質。易言之，服務品質是消費者對於服務產品主觀的反應，並不能以一般有形產品的特性予以量化衡量。

◆Olshavsky（1985）

所謂服務品質類似態度，係消費者對於服務產品等事物所做的整體性評估。

◆Lewis和Booms（1983）

所謂服務品質，係一種衡量企業服務水準的量尺，能夠滿足顧客期望程度的工具。

◆Klaus（1985）

其認為服務品質的好壞，係取決於顧客對服務產品的「期望品質」和實際感受得到的「體驗品質」，此兩者之比較。如果顧客對於服務產品的實際感受體驗水準高於預期水準，則顧客會有較高的滿意度，並因而認定服務品質較好；反之，則會認為服務品質較差。

(二)服務品質的定義

所謂服務品質，係指顧客對服務業所提供的服務產品之品質，就其心目中所預期的，與實際體驗到的品質水準予以比較，綜合評估之結果，謂之服務品質。

(三)顧客對服務品質的知覺模式

顧客對服務業所提供的服務產品之品質評估，係根據其本身對服務產品之體驗價值與預期期望水準之比較，而予以判定服務品質之良窳，如**圖1-1**所示。

服務產品之品質好壞，只有顧客才能界定其價值高低與品質優劣，因此服務產業最大的挑戰乃在於滿足或超越顧客對產品的需求與期望。如果服務產業能瞭解顧客對服務產品之期望，進而提供其所期望的美好體驗，此時客人將會感到滿意，甚至覺得服務有高水準的價值。此外，服務產業若能夠在不額外增加顧客費用成本支出的情況下，增加提供額外項目之服務，將會令顧客感覺到物超所值的優質服務。

二、影響餐旅服務品質的因素

所謂「餐旅服務品質」，係指顧客針對餐旅服務產業所提供的服務產品、

服務品質 = 顧客對服務產品體驗認知價值 − 顧客預期期望水準

圖1-1　顧客對服務品質的知覺模式

服務品質（佳）：顧客體驗認知價值大於預期期望
服務品質（差）：顧客體驗認知價值小於預期期望
服務品質（普通）：顧客體驗認知價值等於預期期望

服務環境以及服務傳遞流程等三大層面，予以做整體性的綜合評估，並就其實際體驗認知與期望價值做比較，進而形成其對餐旅服務品質之自我概念，謂之餐旅服務品質。易言之，前述三大層面的因子即影響餐旅服務品質的主要因素。茲分述如後：

(一)服務產品（Service Product）

餐旅業所提供給顧客的服務產品其品質是否完美無缺、項目是否合理、種類是否夠多，是否能提供顧客多元化選擇的機會、能否滿足其所需等，均會影響其對餐旅服務品質評價的高低。

餐旅服務產品係一種有形與無形服務的套裝組合，例如顧客到旅館住宿，旅館所提供的客房雖為顧客前來住宿主要的產品，唯其產品尚包括旅館所提供的完善精緻設施（**圖1-2**）與優質人力資源服務。

(二)服務環境（Service Environment）

所謂服務環境，係指餐旅服務場所之地理位置是否適中，交通是否便捷，場所環境是否整潔、寧靜、安全、舒適，餐旅服務設施、設備是否完善，甚至整個環境氣氛是否高雅溫馨等，均足以影響顧客之體驗認知。

圖1-2　完善的客房設施為旅館服務產品之一

(三)服務傳遞（Service Delivery）

所謂服務傳遞，係指餐旅業提供餐旅服務之傳遞系統而言。包括餐旅服務人員、餐旅服務產品生產銷售作業流程，以及餐旅組織相關支援系統等三方面，其中以站在第一線與顧客接觸的餐旅接待人員之服務品質最為重要。

因為顧客對餐旅產品之體驗與感受認知，大部分是在他們與服務人員互動接觸的過程中形成。因此，「服務接觸」或「互動過程」乃成為顧客評鑑餐旅服務品質優劣成敗的關鍵因素。如何在服務傳遞過程中掌握重要的關鍵時刻，給予顧客瞬間愉悅的感受，並將無形服務轉化為有形服務，強調服務的證據，藉以創造出餐旅服務業良好品牌形象，乃當今餐旅從業人員的使命。

第二節　餐旅服務品質的維護管理

餐旅服務品質乃現代餐旅企業的生命。如何提升餐旅產品服務品質，以確保企業的形象與聲譽，為當今餐旅業所努力的共同目標。茲就餐旅服務品質評量的方法與服務品質維護管理的模式，分述如下：

一、餐旅服務品質評量的方法

根據Parasuraman、Zeithaml與Berry等三位學者在西元1985年所提出的PZB模式及共同研發的「服務品質量表」（SERVQUAL），來評量顧客對餐旅服務品質之認知，其方法係運用下列五要素作為工具來加以衡量。

(一)可靠性（Reliability）

所謂「可靠性」，係指餐旅業組織及其接待服務人員能令顧客產生信賴感，並且能正確執行對顧客已承諾的事物，同時每次均能信守承諾，提供一致性之服務水準。

(二)回應性（Responsiveness）

所謂「回應性」，係指餐旅組織及其服務人員均能主動熱心協助顧客，不會推託要求，對顧客之需求能提供迅速、及時的服務。例如旅館櫃檯替旅客辦

圖1-3　櫃檯人員辦理旅客住宿手續須在五分鐘內完成

理住宿手續，務必在五分鐘內完成（**圖1-3**），十分鐘內將顧客行李送達客房即是例。

(三)確實性（Assurance）

所謂「確實性」，係指餐旅服務人員的專業知識與工作能力值得信賴保證，能一次就完成客人交辦的事物，並且有能力為顧客解決周遭的問題。例如客房餐飲服務員能在接到客人點餐之後，於三十分鐘內將所有餐具、菜餚以及調味料各種瓶罐，全套齊全無誤一次就做對做好，使顧客對餐旅服務有信心。此外，餐旅服務人員的工作態度與禮貌均一樣，具有一致性之服務水準，以及餐旅場所環境之安全性均屬之。

(四)關懷性（Empathy）

所謂「關懷性」，另稱「同理心」，係指餐旅服務組織及其服務人員是否能提供顧客個人化、人性化之服務及貼心關懷，時時站在顧客的立場為其設想，提供適時適切的溫馨服務。

(五)有形性（Tangibles）

所謂「有形性」，係指餐旅服務所提供給客人的有形服務產品而言。例如完善的旅館設施與設備、豪華舒適的客房、溫馨寧靜的用餐場所、精緻美食，以及旅館服務人員的整潔儀態等均屬之。

旅館小百科

台灣北投的加賀屋

以精緻服務與貼心管家名震東瀛的日本加賀屋，已正式在台灣北投落戶，並在2010年12月正式營運。日本加賀屋在北投的建地約四百坪，其地點為早期北投第一家溫泉旅館「天狗庵」之位址，尤具意義。

日本加賀屋的最大魅力，乃在於無微不至的貼心精緻管家式服務。例如：旅客一進房間，服務人員便立即奉上高級特調抹茶與一份精美可口之甜點，使旅客倍感溫馨；服務人員詢問旅客身高尺寸後，馬上會遞上合適的浴衣，並親自為旅客裝扮整齊以便客人入浴。此外，在宴會席間，服務人員均全程以專業化優質的親切服務為賓客送餐、遞杯皿、倒酒水，使客人享有難以忘懷之美好休閒體驗。

加賀屋溫泉旅館之所以能蟬聯三十年日本百選溫泉飯店之冠軍光環，首推其優質的貼心服務。新進人員至少要接受三個月的訓練及實習考驗合格，始能正式上場服務，其訓練課程為一個月的基本服務、專業知能訓練（含加賀屋歷史、企業文化理念、接待禮節、餐飲禮儀等）以及兩個月的現場操作實習。

二、餐旅服務品質維護管理的模式

依據PZB模式，針對顧客與餐旅業者對服務品質認知之差異，特別指出有下列五個服務品質缺口，可作為餐旅企業今後管理改善服務品質的方向。

(一)缺口一「定位缺口」（GAP 1）

1.所謂「定位缺口」，係指顧客對餐旅服務產品之品質期望與餐旅業管理者或服務人員之間的認知差異。

2.缺口形成的原因：餐旅業人員與顧客之間的溝通不夠，資訊傳遞管道不良所致。

3.解決之道：

(1)須加強餐旅組織之內部溝通與外部溝通。

(2)加強市場調查，瞭解顧客需求，再據以調整餐旅服務之項目與內容，期以迎合滿足顧客之需。

(3)須讓客人充分瞭解餐旅產品之市場定位。例如餐旅產品為高價位高品質，或是低價位低品質，以利消費者選擇其所需。

(二)缺口二「規格缺口」（GAP 2）

1.所謂「規格缺口」，係指顧客對餐旅服務產品的品質規格認知與餐旅業管理者對此產品品質規格認知的差異。

2.缺口形成的原因：

(1)管理者不重視服務品質規格的控管，未能信守對顧客的產品品質規格的承諾。

(2)管理者欠缺訂定標準化作業的能力，或缺乏執行上的專業知能。

(3)管理者對服務品質規格的認知未能符合顧客的期望。

3.解決之道：

(1)依顧客需求訂定品質規格標準化作業，並加以嚴格控管。

(2)管理者須加強本身專業能力，充實餐旅企業資源，以免因本身條件或資源不足而影響服務品質。

(三)缺口三「傳遞缺口」(GAP 3)

1.所謂「傳遞缺口」，係指餐旅服務傳遞系統所傳送出來的產品品質未能達到管理者所訂定的品質規格標準。

2.缺口形成的原因：

(1)無形的餐旅產品規格標準化較不容易達到一致的水準。

(2)服務傳遞過程涉及服務人員、幕僚人員，還有顧客參與其間，致使品質控管益加困難。

(3)餐旅服務人力資源不足，素質參差不齊，尤其是負責接待服務的第一線服務人員之服務態度與專業知能，若未能符合顧客之期望，很容易招致顧客之不滿或抱怨（**圖1-4**）。

3.解決之道：

(1)招募甄選員工，須注意錄用能提供顧客所期待之服務品質的人員。

(2)加強員工教育訓練，培養專精工作知能。

(3)加強組織管理，培養團隊分工合作之精神與共識。

圖1-4　旅館負責接待的第一線人員應有良好的服務態度

(四)缺口四「溝通缺口」（GAP 4）

1.所謂「溝通缺口」，係指餐旅服務企業在市場廣告促銷所傳播的餐旅產品訊息，與企業實際為顧客所傳遞的服務產品，二者之間的差距。易言之，即外部溝通與服務傳遞之間的差距。

2.缺口形成的原因：

(1)餐旅業者在市場上的廣告或業務公關人員過分誇大餐旅產品品質與服務特色，致使顧客對實際產品認知感受與當時廣告宣傳有落差。

(2)為提高市場占有率，而對消費者過度的承諾。

(3)餐旅企業組織部門與部門之間的水平溝通或垂直溝通不當，以致出現溝通的缺口。

3.解決之道：

(1)餐旅企業之行銷企劃與行銷廣告之研訂，須由相關單位部門主管共同參與，以利產生共識，並提出真正可行性廣告方案，以免生產與銷售、前場與後場、管理階層與執行階層之間產生認知性的差異。

(2)對外溝通之宣傳廣告須謹守誠信原則，切忌誇大不實或表裡不一的言行或宣傳，以免讓人有受騙之感。

(五)缺口五「認知缺口」（GAP 5）

1.所謂「認知缺口」，係指顧客對餐旅服務品質的期望與現場實際感受之差距。

2.缺口形成的原因：

(1)顧客對餐旅產品的服務品質認知大部分是源自個人需求、過去經驗，以及所得到的相關產品資訊。如果餐旅產品未能符合顧客之需求與期望，將會產生失望與不滿。

(2)餐旅業者所提供的餐旅產品與宣傳廣告的內容或項目不一致，因而造成顧客的認知失調。

3.解決之道：

(1)餐旅產品之研發，務必先考量顧客之需求，針對顧客之實際期望來提供產品服務。

(2)針對服務品質之上述各缺口力求改善，期使餐旅產品服務能縮短、填補此五項缺口。唯有如此始能滿足顧客之期望，符合其認知，因為缺口一至缺口四，只要其中任何缺口有間隙或缺失，均會影響到顧客對品質之認知。

第三節　旅館的產品與特性

二十世紀初，美國連鎖旅館創始人，享有「旅館大王」之稱的史大特拉云：「旅館所賣的產品只有一種，那就是服務。」易言之，旅館就是出售服務的企業。茲就旅館的產品與特性分述如下：

一、旅館的產品

旅館所賣的產品不外乎環境、設備、美食與服務等四大項，唯均需經由服務人員的專業技術與親切接待服務，始能彰顯其價值與品味。一般而言，旅館的產品可概分為下列兩大類：

(一)有形的產品（Tangible Product）

◆正式產品（Formal Product）

係指提供旅客具功能性需求的基本產品，如客房、餐飲等產品而言。

◆核心產品（Core Product）

係指能滿足旅客購買動機與需求的產品，如乾淨、安全、舒適的客房及住宿服務（**圖1-5**）；房客在住宿期間能擁有客房空間使用權及相關服務等均是。

◆附屬產品（Augmented Product）

附屬產品包括「促進性服務產品」，如訂房、住宿登記、櫃檯接待與客房餐飲服務等接待服務，以及「增強性服務產品」，如管家服務、洗衣服務或娛樂休閒設施，如游泳池（**圖1-6**）、健身房等均是。

◆延伸產品（Extend Product）

係指將核心產品與附屬產品予以結合而成的產品服務方式。例如：旅館客房提供的迎賓水果、迎賓飲料或伴手禮等均是。

圖1-5　客房為旅館的核心產品

圖1-6　旅館附設的游泳池

(二)無形的產品（Intangible Product）

所謂無形的產品，係指自旅客訂房至離店返家此期間，旅客對旅館所提供的各項服務的住宿體驗與感受的認知。例如：溫馨親切的關懷、主動積極有效率的正確回應、安全舒適的氛圍，以及備受禮遇之感等均是。

綜上所述，旅館的產品雖可概分為有形與無形產品等兩大類。但事實上，它是一種套裝服務的組合式產品，係以不同比例的有形與無形產品組合來銷售。例如：平價旅館的套裝組合產品，其有形產品的比重較之無形產品高；精品旅館的套裝服務組合產品，則以無形產品比重較有形產品高。

二、旅館產品的特性

旅館的產品本身具有其獨特性，不能與其他產品相提並論。茲就旅館的產品特性分述如後：

(一)產品具時效性、易逝性、不可儲存性

旅館產品——房間，僅能當天賣出，不能留到次日，當天未售出之房間即為損失，因此無法庫存，時間錯失則產品形同廢棄物，無法再轉售，此乃旅館產品與其他產品最大不同點。

(二)產品短期供給無彈性（僵固性）

旅館房間數量固定有限，每逢旺季，風景區旅館往往一房難求，無法像其他產品可臨時加班趕工立即增產；再者旅館本身空間面積均固定，短期間擴建加蓋誠非易事，因此旅館產品短期供給無彈性。

(三)地理區位影響需求

旅館的地理區位及其四周環境必須交通便捷、公共設施完善、生活機能良好、附近環境幽美，始能對旅客有吸引力（**圖1-7**）。因此旅館立地位置之選擇相當重要，其地理位置區段之好壞，將會影響顧客對其產品之需求，此乃旅館產品的「地理性」。

圖1-7　旅館所在地環境必須交通便捷

(四)全年營業的無歇性

旅館業的營運全年無休，並且是二十四小時不打烊。因此，有些新開幕的旅館在開幕典禮時，總經理會將鑰匙象徵性地拋擲到外面，表示今後旅館永遠不需要此大門鑰匙，因為旅館大門將永遠為旅客而開啟，並日夜無休為旅客提供膳宿服務，且永遠不會再關門，意味將永續經營。

(五)產品需求具敏感性及波動性

旅館產品之需求很容易受到政治、經濟、社會、戰爭及國際情勢等外部環境變動之影響，所以產品需求甚不穩定，波動性大，敏感性高。

(六)資本密集、固定成本高

觀光旅館投資所需資金相當大，土地建築等固定成本高，因而其利息、折舊、維護費等成本負擔也重，所以觀光旅館成本回收至少需十年以上。

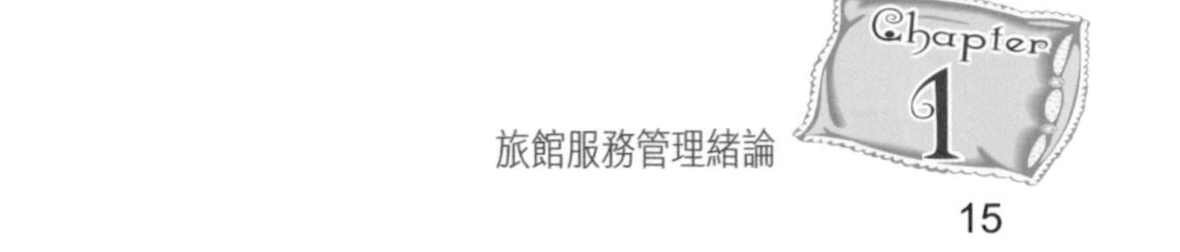

(七)綜合性

旅館是旅客家外之家，也是個社交、聯誼、膳宿場所與文化展覽櫥窗。簡言之，旅館是一種滿足人們生活機能的綜合性企業，舉凡食、衣、住、行、育、樂均囊括其中，可說是一種集合體（**圖1-8**）。

(八)豪華性與公共性

旅館為滿足旅客社經地位之自尊需求，無論是外表造型或內部裝潢及環境內外綠化美化，均力求高雅、華麗、舒適，以彰顯旅客身分地位。此外，旅館係為公眾提供住宿、餐飲、交際應酬、休閒娛樂的公共場所，只要付費即可前往享受各項設施與服務。

(九)勞力密集性與替換性

旅館係一種勞力密集的服務業，須經由全體內外務部門員工密切合作，再透過各種現代化設備與完善設施，使客人有一種賓至如歸之溫馨。不過旅館產

圖1-8　旅館是一種滿足人們生活機能的綜合性企業

品並非民生日常必需品，再加上其他同業同質產品之競爭，使得旅館產品替換性相當大。

(十)產品需求服務彈性大

旅館消費市場之人口結構差異性大，旅客生活習慣、社經地位、教育及文化背景均不同，因此其需求也不一樣。旅館為了提供旅客人性化溫馨的親切服務，務須在服務方式或型態，針對客人來彈性調整，以滿足其需求。

第四節　旅館客房的種類

旅館客房的種類，其分類方式很多，如依法令規定、立地位置、床位多寡，以及其他特別方式之分類等多種。茲分別予以摘述如下：

一、依旅館法規之分類

根據「觀光旅館建築及設備標準」規定，旅館客房可分為：單人房（Single Room）、雙人房（Twin Room）及套房（Suite Room）等三種。其中單人房簡稱為"S"，雙人房簡稱為"T"。依我國「觀光旅館建築及設備標準」，對於觀光旅館客房及其專有浴廁面積均有嚴格規定，如**表1-1**所示。

表1-1　我國觀光旅館建築及設備標準規定

客房類別	國際觀光旅館		一般觀光旅館	
	客房淨面積	浴廁淨面積	客房淨面積	浴廁淨面積
單人房	13平方公尺	至少3.5平方公尺	10平方公尺	至少3平方公尺
雙人房	19平方公尺	至少3.5平方公尺	15平方公尺	至少3平方公尺
套房	32平方公尺	至少3.5平方公尺	25平方公尺	至少3平方公尺

二、依一般旅館業之分類

(一)單人房（Single Room）

單人房係指客房僅擺放一張床之意思，另稱單床房（**圖1-9**），通常此床鋪多為一張標準雙人床，如果標準床改為較大一點，則稱為高級單人房（Superior Single Room）；若是特大床，則稱為豪華單人房（Deluxe Single Room）。

(二)雙人房（Twin Room / Double Room）

雙人房簡稱"T"，係指客房擺設著兩張床之意思，另稱雙床房（**圖1-10**）。若再細分可分為三種：

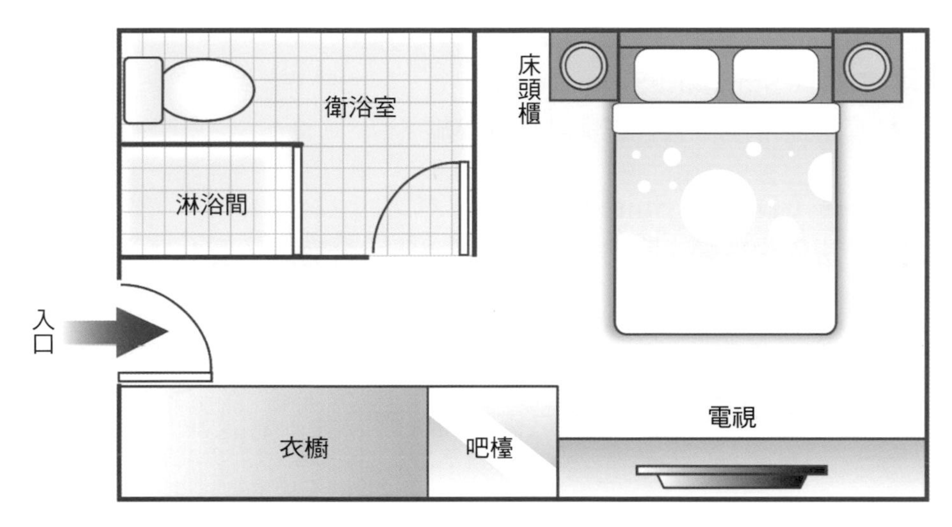

圖1-9　單人房（單床房）客房格局

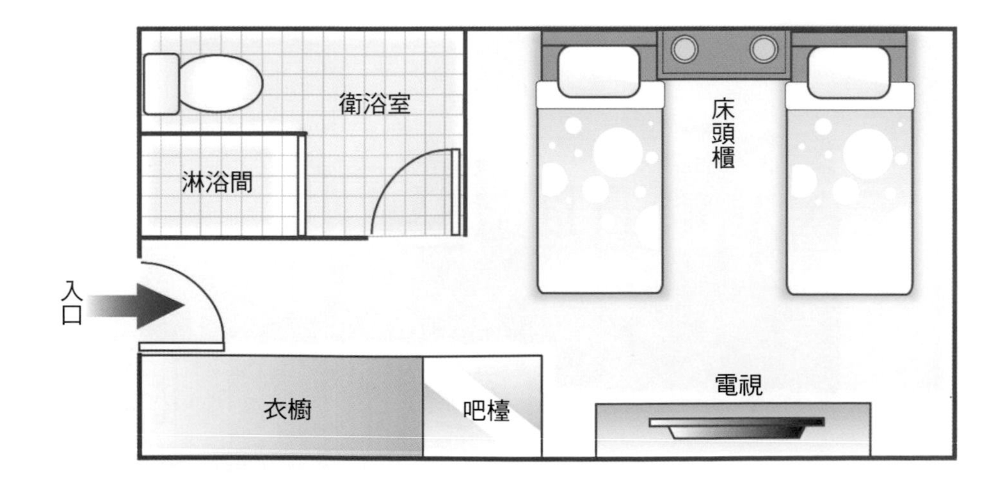

圖1-10　雙人房（雙床房）客房格局

1.標準雙人房：係指客房擺設兩張標準單人床之意思。

2.高級雙人房：係指客房擺設兩張標準雙人床之意思。

3.豪華雙人房：係指客房擺設兩張King-Size的床。

(三)套房（Suite Room）

所謂「套房」，係指客房內除了臥房外，尚附有客廳；有些較完善的套房則備有酒吧、會議室、休息室等設施。因此套房若以其周邊設施及裝潢等級來分，約可分為下列幾種：

◆**標準套房**（Standard Suite Room）

此類套房通常至少有客廳與臥房等設施。

◆**豪華套房**（Deluxe Suite Room）

此類套房係由客廳、臥房或小型會議室所組合而成（**圖1-11**），臥房的床鋪也較一般雙人床大些。

◆**商務套房**（Executive Suite Room）

此類套房係為因應商務旅客之需求而規劃設計。其設備有辦公桌、傳真

圖1-11　豪華套房

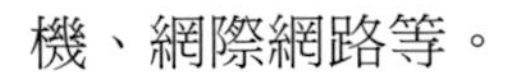
機、網際網路等。

◆總統套房（Presidential Suite Room）

此類套房使用率不高，通常僅作為形象廣告，提升旅館本身在消費市場之知名度。此類套房設施、功能十分完善，裝潢、設備可說超水準，此外其安全性考量、專屬管家服務（Butler Service）及頂級禮賓專車才是其最大特色。

◆其他

如樓中樓型的雙層套房（Duplex Suites）、較浪漫型的蜜月套房（Honeymoon Suite Room）、半套房（Semi-Suite）及閣樓套房（Penthouse Suite）等均屬之。

三、依客房立地位置之面向而分

依客房之房間位置面向，是否有景觀視野而分，主要可分為下列三種：

(一)向內的客房（Inside Room）

此類客房的位置，通常係位在樓層中間或偏角落，其特徵為無窗戶，視野無景觀，安全也較堪虞，價位則較便宜。

(二)向外的客房（Outside Room）

此類客房的位置，係面朝外邊景觀（**圖1-12**），如可遠眺山水景色，此類客房若位在海邊，如夏威夷之旅館，可分為面海的客房（Sea-side Room）與面山的客房（Mountain-side Room）兩種。

(三)邊間房（Corner Room）

係一種座落旅館樓層角落，且擁有良好採光之牆面，唯噪音較其他客房大，稱之為邊間房，另稱轉角房。

四、依客房與客房的關係位置而分

依旅館客房與客房關係位置而分，計有下列兩種：

圖1-12　向外的客房

(一)連通房（Connecting Room）

係指兩間比鄰的獨立客房，但其中間有門相連者（**圖1-13**），平常將連通門關閉時，即為兩間各自獨立的客房，但必要時可由內部連通門戶進出，適於親子、結伴旅遊住宿之大家庭或兩家庭出遊之住宿服務，此類客房另稱親子房或家庭房。

(二)鄰接房（Adjoining Room）

係指兩間客房比鄰連接，但中間並無門戶可互通，這是一般相鄰的客房。

五、依客房旅客人數而分

依客房安排床數可容納住宿人數而分，計有：

(一)三人房（Triple Room）

此類客房可供三人住宿，通常擺設兩張大小不同的床鋪，一張單人床、一張雙人床（**圖1-14**）。

圖1-13　連通房

圖1-14　三人房

(二)四人房（Quad Room）

此類客房可供四人住宿，其房內置有兩張大型雙人床，或四張單人床（此型較少）。

(三)團體房（Group Room）

此類客房常見於平價旅館、青年旅舍。其床鋪多採用通鋪方式設計，適於學生團體或自由行背包客住宿。團體房價格較便宜，唯浴室通常並不附設於客房內。

六、其他分類方式

旅館的客房分類除了上述幾種較常見者外，尚有特殊樓層及特殊房型之客房分類方式，茲分述如下：

(一)特殊樓層的客房

◆商務樓層（Executive Floor）

商務樓層客房之設備與設施均較高檔，服務也最精緻貼心。在各樓層設有樓層服務檯（Floor Station / Service Station），有些旅館尚提供二十四小時勤務值勤之管家服務。為了區隔旅客層級，此類樓層房價也較高，因而另稱之為貴賓樓層。

◆仕女樓層（Ladies Floor）

此類樓層係專供女性旅客住宿使用，其裝潢設計除了以滿足女性需求提供貼心服務外，其中以安全為最重要的考量。

◆禁菸樓層（Non-smoking Floor）

目前大部分旅館均設有禁菸樓層，國內旅館公共場所，如大廳、餐廳等均全面禁菸。

(二)特殊房型的客房

◆卡班拿（Cabana）

係西班牙語，其原意為茅草屋。今指靠近游泳池畔或海濱、湖濱之獨棟附有陽台之獨立屋（**圖1-15**）。

◆邦加洛（Bungalow）

係指渡假地區別墅型小木屋住宿設施（**圖1-16**）。

圖1-15　游泳池畔的獨立屋

圖1-16　渡假區的小木屋

◆拉奈（Lanai）

源於夏威夷地區戶外旅館造型，為擁有庭院設計或陽台的客房，常見於濱海渡假旅館。

◆公寓式客房（Efficiency Unit / Apartment-style Room）

係指備有廚房設備的客房。

學習評量

一、解釋名詞

1.Service Product

2.SERVQUAL

3.GAP 1

4.Executive Suite Room

5.Outside Room

6.Connecting Room

二、問答題

1.何謂「服務品質」，並請說明顧客判斷服務品質良窳的依據為何？

2.影響餐旅服務品質的三大層面因素為何？試述之。

3.如果你是星級旅館評鑑委員，請問你將依據何種標準或工具來評鑑一家旅館的服務品質？

4.依據PZB模式，餐旅服務品質有哪些服務上的缺口？試摘述之。

5.旅館的產品為何？並請列舉其特性五項。

6.依旅館法規而分，目前旅館客房可分為哪幾種？試述之。

Chapter 2 旅館的組織及從業人員的職責

單元學習目標

- ◆瞭解旅館組織內外場的編制
- ◆瞭解客務部的工作職責
- ◆瞭解房務部的工作職責
- ◆瞭解旅館內務部門的工作職責
- ◆瞭解旅館各階層人員的工作職責
- ◆培養從事旅館服務工作的能力

旅館是一種勞力密集的服務事業，其主要產品為服務。為使旅館營運順暢，達成預期營業目標，務須仰賴每位員工共同努力，相互合作，發揮團隊精神，始能竟事。因此，為了使每位員工有明確的工作目標與努力方向，並使其瞭解彼此間之隸屬關係及各部門的工作職責，旅館乃根據其營運目標與營業性質，運用組織系統圖來顯示其指揮系統，期使全體員工能有所依循，一起努力來達成共同理想目標。

第一節　旅館的組織

現代旅館組織可歸納為兩大部門，分別為前檯或稱外場（Front of the House）、外務部；另一個為後檯或稱內場（Back of the House）、內務部。

外場部門係指旅館客房部與餐飲部等兩大部門及其他對外營業單位。至於內場部門係指旅館行政管理部門與後勤支援單位而言，如工程、財務、安全、總務、人力資源、行銷業務及公共關係等部門（**圖2-1**）。

一、旅館的外場部門（營業單位）

旅館的外場部門分為客務部、房務部、餐飲部及其他營業單位，分述如下：

(一)客務部（Front Office）

客務部俗稱前檯或櫃檯，此為旅館的神經中樞，也是旅客進住接待服務之第一線，負責旅客訂房、旅客進住遷入與退房遷出，以及各項櫃檯詢問接待事宜。客務部所屬各單位之工作執掌分述如後：

◆**櫃檯**（Front Desk）

1.出租客房、調配客房、住宿登記。
2.鑰匙保管、郵電傳真、旅客留言的處理。
3.館內、市內導遊詢問。
4.旅客貴重物品保管、失物招領。
5.外幣兌換。

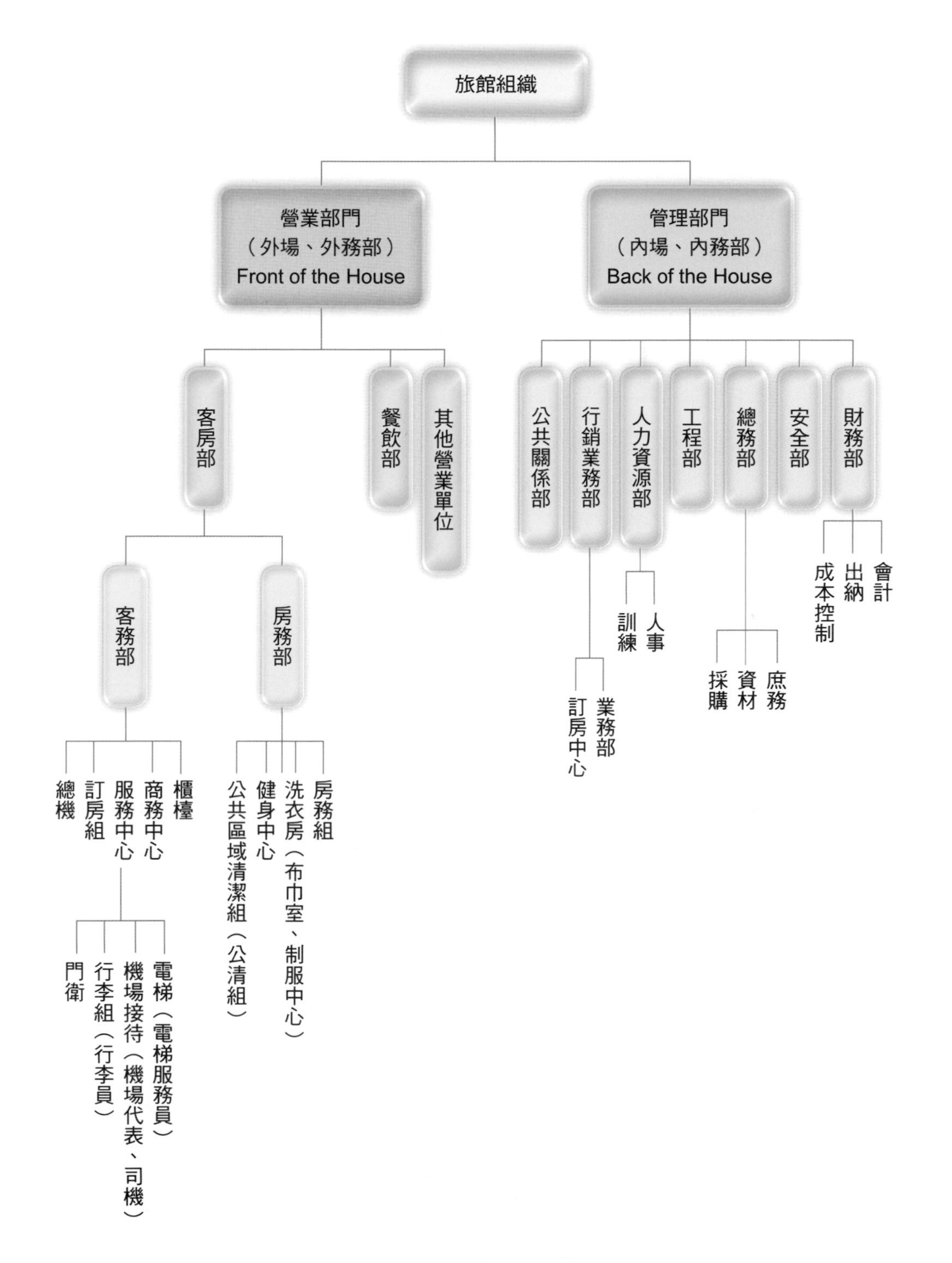
旅館組織
營業部門
（外場、外務部）
Front of the House
管理部門
（內場、內務部）
Back of the House
客房部
餐飲部
其他營業單位
公共關係部
行銷業務部
人力資源部
工程部
總務部
安全部
財務部
客務部
房務部
總機
訂房組
服務中心
商務中心
櫃檯
門衛
行李組（行李員）
機場接待（機場代表、司機）
電梯（電梯服務員）
公共區域清潔組（公清組）
健身中心
洗衣房（布巾室、制服中心）
房務組
訂房中心
業務部
訓練
人事
採購
資材
庶務
成本控制
出納
會計

圖2-1　大型旅館組織圖

6.督導行李員、大廳接待及旅客遷入與遷出的服務工作。

◆商務中心（Business Center）

1.提供商務旅客商情資訊、商務辦公設備與設施。
2.提供商務旅客傳真、影印、網路及翻譯、記錄等秘書服務。
3.其他有關商務旅客之接待服務。

◆服務中心（Concierge / Uniformed Service / Bell Service）

1.引導旅客至櫃檯住宿登記，以及引導旅客進房間（**圖2-2**）。
2.協助旅客搬運行李、看管行李或行李打包等工作。
3.負責機場接送、代客泊車及代客叫車服務。
4.負責傳遞旅客郵電、信件或報紙之服務。
5.其他有關旅客之委辦服務。

◆訂房組（Reservation）

1.負責處理旅館外的訂房業務，至於館內旅客之訂房則由櫃檯負責。通常旅館團體旅客訂房係由業務組承辦。
2.負責訂房狀況之控管，以提高客房銷售營收。

圖2-2　旅館服務中心

◆總機（Operator）

負責旅館內外電話的叫接服務、旅客晨喚或喚醒服務（Morning Call / Wake-up Call），以及緊急事件之廣播。

旅館小百科

美國連鎖旅館創始人「旅館大王」——史大特拉

史大特拉出生於西元1863年美國賓夕法尼亞州，在西元1907年於紐約水牛城（Buffalo）首創第一家史大特拉飯店，開啟美國現代旅館經營之先河，因此被尊稱為「美國旅館之父」（The Father of the American Hotel），另稱之為「旅館業大王」。

史大特拉之格言，深受全球旅館業引以為傲，並奉為座右銘，例如，「人生就是服務」：一位能成就事業的人，就是那些能給他人、同事多一點，好一點服務的人（The one who progresses is the one who gives his fellow human beings a little more, a little better service）；「顧客永遠是對的」（The Guest is Always Right）。

(二)房務部（Housekeeping）

房務部係旅館客房清潔維護形象包裝之重要部門，其所屬的單位主要有：房務組、公共區域清潔組、洗衣房、健身中心等。旅館房務工作之指揮協調、任務分派均在房務部辦公室，因而有「房務部心臟」之稱。茲將房務部各單位職掌摘述如下：

◆房務組／樓層服務檯（Floor Station）

負責客房房務之清潔維護，如房間、客房迷你酒吧（Minibar）、衛浴設備等，以及客房服務，如補充備品、擦鞋服務。

◆公共區域清潔組／公清組（Public Area Cleaning）

負責旅館設備、硬體環境設施之清潔保養工作，以及旅館大廳、客用廁所及公共區域之清潔工作，如樓梯間、大廳走廊、電梯間與停車場（圖2-3）。

圖2-3　旅館公共區域的清潔維護為公清組的職責

◆洗衣房／布巾室（Laundry / Uniform & Linen Room）

負責旅館布巾、旅客送洗衣物、員工制服之洗滌工作以及布巾室管理。旅館為房客衣物洗燙服務稱為Valet Service。

◆健身中心（Recreation Center）

主要負責旅館附設的美容、三溫暖等休閒設施之維護管理，以及旅館健身中心之清潔維護。

旅館房務部的主要工作職責，除了上述各單位之工作外，尚兼負旅客遺失物品保管（Lost & Found）、提供擦鞋服務、保姆服務（Baby Sitter Service）以及管家服務（Butler Service)。**圖2-4**為大型旅館房務部組織圖。

(三)餐飲部（Food & Beverage Department）

觀光旅館餐飲部所轄的單位有各式餐廳，如咖啡廳、中西餐廳、宴會廳、酒吧以及客房餐飲服務（Room Service）。餐飲部主要的工作職責乃在提升旅館餐飲服務品質、提供乾淨舒適的用餐環境、落實成本控制與營收管理，以達餐飲營運目標。因此餐飲部須經常與客務部保持密切聯繫，根據所獲得的客房

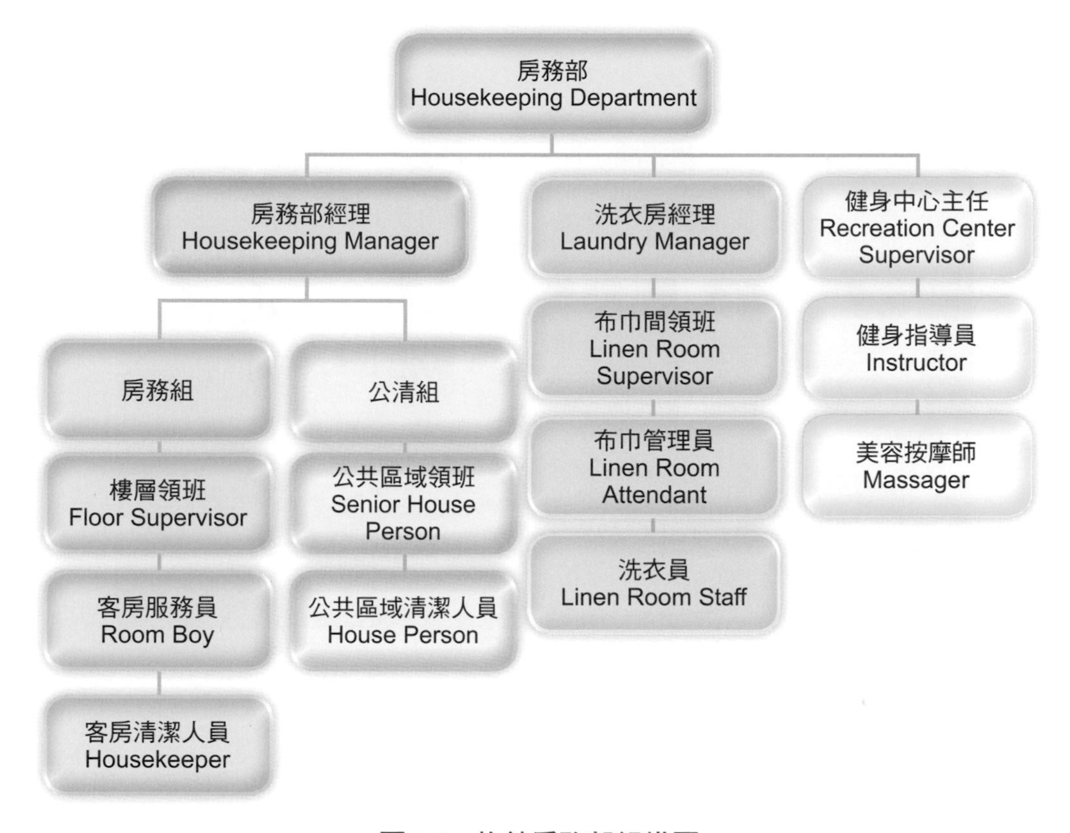

圖2-4　旅館房務部組織圖

銷售量及每日預期進住的旅客人數來預測次日餐廳廚房之備餐數量，以及內外場人力之安排調度。

(四)其他營業單位

旅館由於性質不同，因此所附設的其他營業單位也互異。一般常見的對外營業單位有休閒娛樂、高爾夫球場、購物商店街（**圖2-5**）及停車場。

二、旅館的內務部門（行政管理、後勤支援單位）

旅館內務部門其工作職責分述如下：

(一)財務部（Finance Department）

財務部包括會計、成本控制、出納等單位，其業務相當繁重，舉凡旅館有

圖2-5　旅館商店街

關資金、收支及各式會計報表之編制、預算之編列，如資產負債表、年度預算，以及庫房物料盤查、稽核、財產保管等工作。

目前旅館各營業單位之會計、出納，如櫃檯出納、餐廳出納，以及負責旅館夜間查帳並製作營業日報表的夜間稽核等，均屬於財務部的管理範疇。

(二)安全部（Security Department）

係負責旅館之安全問題，確保旅客與旅館員工性命與財務免於受危害或損失。其工作要項很多，如門禁管制、員工上下班攜帶物品檢查，防範不肖旅客詐財、偷竊、滋事、破壞或意外事件之防患於未然，凡此安全維護事項均為此部門之職責。

(三)總務部（General Affairs Department）

總務部其下設有採購組、資材組及庶務組等，其工作範圍極廣，舉凡旅館任何部門的物料設備採購、資材庫房管理、停車場管理、大廳盆花插飾（**圖2-6**）、喜慶宴會場所的布置，以及旅館公務車輛之調配維修等，均屬於其工作職責範圍。唯有些觀光旅館將花房（Florist）附屬於房務部。

圖2-6　大廳盆花插飾

(四)工程部（Engineering Department）

工程部另稱工務部，負責旅館硬體設備之維修、養護等工作均為其業務範圍，如冷凍空調、升降梯、水電、木工、鍋爐、給水排水系統及消防設施。

(五)人力資源部（Human Resources Department）

人力資源部主要職責乃負責旅館所有員工的招募、任用、考核、教育訓練、退休、撫卹、福利及上下班勤惰管理，此部門為人事室及教育訓練中心的結合體。此外，該部門尚負責新進員工的職前訓練（Orientation）、在職訓練（On Job Training）、非在職訓練（Off the Job Training），以及其他各種教育訓練，其功能乃在提升人力資源之服務品質，降低旅館人事流動率。

(六)行銷業務部（Marketing & Sales Department）

此部門係負責開發客源，代表旅館拜訪主要業務往來的旅行社、訂房組織、航空公司或簽約公司，負責團體訂房業務。此外，並負責分析預測市場現況及發展趨勢，並據以研擬年度行銷策略。

(七)公共關係部（Public Relations Department）

旅館公關部是旅館對外的發言人，負責接待國賓或重要貴賓、新聞媒體接待及發布新聞稿。公關部的職責乃負責對內公關（指員工）與對外公關，其目的乃在與員工及社會大眾建立並維持良好關係，藉以提升旅館企業形象。

第二節　旅館從業人員的職責

旅館最主要的功能就是提供膳宿接待服務。旅館每天都有成千上萬的產品與服務在出售，因此需要每個部門同心協力集體合作始能竟事，如果在此充滿瑣碎細節的旅館事業體中，有任何成員「怠忽職守或忽視小事，往往就會釀成大禍」。茲將旅館各主要部門從業人員的職掌功能分述如下：

一、旅館經營管理階層主管人員之職責

(一)總經理之職責

總經理之角色相當任重道遠，一方面必須讓董事會股東看到業績眉開眼笑，同時須設法使客人滿意而願再度光臨，並且要能讓全體員工喜歡這份工作，進而樂於集體合作參與演出。此任務看似簡單，事實上卻不容易，此乃總經理在這舞臺上所扮演之角色。其主要工作職責為：

1.負責旅館營運成敗的責任。
2.負責旅館整個旅館營運計畫、組織、溝通、預測與風險評估之責。
3.訂定旅館發展計畫，並訂定進度，澈底執行。
4.審核旅館各項工作報告及營運報表。
5.負責主持館內主管會報，統籌全局。

(二)副總經理之職責

1.負責協助總經理推展執行旅館營運政策，並執行督導各部門之實際作業。
2.負責協助各部門主管業務之推展執行。

3.協助各營運單位工作人員發揮服務熱忱、追求卓越。
4.協助總經理做好旅館財務與人力資源之管理與考評。
5.總經理外出時，代表其行使所有行政之職權。

(三)客務部經理之職責

1.必須對總經理負責，負責有效地領導客務部工作人員完成所有客務部門之工作。
2.負責督導客務部之業務執行與考核。
3.負責提供住店旅客最完善的客務接待服務。
4.負責協調館內其他部門業務之支援與配合。
5.其他有關客務部服務事宜之檢討與改善。

(四)房務部經理之職責

1.負責督導所屬員工確實執行客房、公共區域之清潔工作、洗衣房洗衣服務及員工制服的管理。
2.負責編擬房務標準作業程序，指導並訓練其所屬員工培養正確的工作習慣與態度。
3.處理旅客抱怨事項及部屬之間的協調與溝通。
4.編制所屬員工之服勤輪班表，以及各項客房備品之採購規格。
5.其他有關房務服務事項之檢討與改進事宜。

(五)餐飲部經理之職責

1.負責督導所屬各單位，如餐廳、廚房、酒吧及宴會廳之營運，提升其營運作業效率與服務品質。
2.負責餐飲採購、驗收、儲存、製備與服務之管理考核工作。
3.協調所屬各單位業務配合與聯繫溝通。
4.負責代表餐飲部門與旅館各部門之協調。
5.負責餐飲營運成敗之責。

(六)管理部門各經理之職責

1.負責各所屬部門業務計畫、工作進度與人員之教育訓練工作，以提高所

屬員工之工作效能。

2.負責代表所屬部門參加旅館主管會報及對外之溝通協調。

3.負責所屬部門各項成本控制與預算之編列與執行。

4.負責所屬員工上、下班勤惰之考核與任用。

5.其他上級交辦事項之處理。

(七)大廳值班經理

通常旅館大廳值班經理（Duty Manager），係由資深櫃檯人員來擔任，另稱駐店經理或抱怨經理（Complaint Manager）。其職責為在旅館大廳負責協助旅客各項問題，如旅客詢問、旅客換房處理、緊急偶發事件或抱怨事項之處理，以及大廳安全維護等工作。

旅館大廳有時設有專屬辦公桌，以供應大廳值班經理處理旅客抱怨或接待詢問事宜（**圖2-7**）。唯大部分時間均在旅館大廳附近巡視進行走動管理，其助理為客務專員。

(八)夜間經理（Night Manager）

負責旅館夜間所有營運作業及旅館接待工作，為旅館夜間最高負責人。其

圖2-7　旅館大廳值班經理

主要工作為負責旅館緊急突發事件之處理、負責旅館安全維護與管理，以及審核客房營收日報表，提報住宿折扣數量及理由等工作。

二、旅館客務部基層執行人員之職責

客務部為旅館的「神經中樞」，茲將此部門從業人員的職責分述如下：

(一)櫃檯主任（Front Office Supervisor）

1.負責督導旅館櫃檯所有業務，確保業務運作順暢，如訂房、接待、總機等作業。
2.負責訓練及督導櫃檯人員，提升服務人員之水準。

(二)櫃檯接待員（Receptionist / Room Clerk）

1.負責住宿旅客之住房登記、房間分配與銷售事宜（圖2-8）。
2.負責旅客進住及遷出的作業處理。
3.旅客抱怨事項之處理及其他旅客接待服務事項。

(三)客務專員（Guest Relation Officer, GRO）

1.另稱大廳接待員（Lobby Greeter），其主要職責乃代表旅館及客務部經

圖2-8　旅館櫃檯接待人員

理迎接貴賓，並協助大廳經理處理旅客抱怨及偶發事件。

2.巡迴旅館大廳負責協助接待與安全事宜。

(四)諮詢服務員（Information Clerk / Concierge）

1.負責處理旅客詢問事項之解答與服務。

2.負責蒐集館內與館外之相關旅遊、文教、交通等各項最新資料，以便旅客詢問服務及資訊提供。此外，協助客人代訂機票、車票等服務。

(五)郵電服務員（Mail Clerk）

1.負責旅客及館內員工信件、郵電、傳真以及旅客留言之處理。

2.其他旅客接待服務工作之協助處理。

(六)訂房員（Reservation Clerk）

1.負責訂房及超額訂房之處理。

2.掌握市場動態，作為客房銷售之參考，以提升住房率。

3.負責製作預定到達旅客名單、無故未到旅客名單（No Show List）、訂房確認單，以及保證訂房（Guaranteed Reservation, GTD）之處理。

(七)金鑰匙人員（Les Clefs d'Or / Golden Keys）

資深合格服務中心主任可能是經「金鑰匙協會」認可的會員，其外套翻領上有金鑰匙交叉的標記，象徵其具有專精優質的專業能力。

(八)夜間櫃檯接待員（Night Clerk）

1.負責製作客房出售日報表各項統計資料。

2.查看房間狀況，是否尚有空房，更新房間狀況資料，以利空房之銷售。

3.協助客人夜間進住之登記手續及旅館訂房事宜。

(九)櫃檯出納（Front Cashier）

櫃檯出納雖然任務編組是櫃檯人員，但係直屬財務部，其職責為：

1.負責辦理旅客遷出結帳手續。

2.負責旅客帳單款項之催收與處理事宜。

3.外幣兌換工作及信用卡帳目之處理。
4.旅客信用徵信調查、核對帳卡資料。
5.旅客貴重物品之保管。

(十)電話總機(Operator)

1.另稱「看不見的接待員」,負責館內館外電話之接線服務。
2.國際電話之撥接服務與喚醒服務(Morning Call)。
3.館內廣播或緊急播音服務,以及電話費之計價等帳務工作。

(十一)服務中心主任(Uniformed Service Supervisor)

1.負責督導服務中心人員,如行李員、門衛、電梯服務員及機場接待員之工作。
2.接受櫃檯主任之指揮,協助旅客進住及遷出之接待服務,如行李託管或搬運上下車。
3.團體旅客行李之託管、搬運服務,以及代叫車輛、泊車服務等相關工作之督導。

(十二)機場接待員(Flight Greeter / Airport Representative)

1.代表旅館在機場迎賓及接送機事宜,為旅館派駐機場之第一線服務人員。
2.負責接待已訂房的旅客並安排司機送客人到旅館,同時尚須爭取未訂房的旅客。

(十三)行李員(Bellman / Porter)

1.旅客進住與遷出之行李搬運服務(**圖2-9**)。
2.引導賓客到樓層客房之接待工作。
3.遞送物件、郵件、留言及報紙等瑣碎工作。
4.代客保管行李及代購各項客機船票之差事。
5.負責旅館大廳(Lobby)之整潔與安全維護。
6.其他旅客服務或交辦事項,如在旅館內代為尋人之工作。

圖2-9　行李員為旅客搬運行李

(十四)門衛（Door Man）

1.大門迎賓，協助客人裝卸行李、開啟車門服務及叫車服務。
2.維持旅館大門口之交通秩序與整潔、車輛管制及指揮停車事宜。

(十五)代客泊車員（Parking Attendant / Parking Valet）

主要職責在旅館大門口代客泊車，同時協助住宿旅客取車服務。

(十六)電梯服務員（Elevator Starter or Girl）

1.負責電梯之整潔、安全衛生。
2.旅客搭乘電梯之接待服務，以及維護旅客之安全。

三、旅館房務部基層執行人員之職責

旅館房務部所屬從業人員之工作職責分述如下：

(一)房務部領班／樓層領班（Floor Supervisor / Floor Captain）

1.負責指導房務員正確的迎賓接待與客房服務，並負責房客抱怨之處理。
2.負責保管該樓層所有客房之主鑰匙（Floor Master Key）及客房的清潔維護管理。
3.督導所屬男、女房務清潔員房務整理及工作分配。
4.負責該樓層備品室物品之保管。

(二)房務員（Housekeeper / Room Maid / Room Attendant）

1.負責客房清潔、打掃及衛浴設備清潔工作（**圖2-10**）。
2.負責旅館客房備品，如洗髮精、沐浴乳、香皂、牙膏牙刷、浴帽、梳子及刮鬍刀等備品之補給。
3.晚班人員（Night Shift）須協助開夜床之服務（Turn-down Service）。
4.負責維護樓層之安全，並留意可疑人物或客人逃帳（Skipper）。

(三)公共區域清潔人員／公清人員（House Person / Public Area Cleaning Person）

1.負責旅館公共區域，如大廳、洗手間、走廊、客用電梯等區域之清潔維護工作。

圖2-10　房務員負責客房清潔整理工作

註：本圖由新北市深坑假日飯店協助拍攝

2.協助員工餐廳、員工更衣室、休閒中心之清潔工作。

(四)布巾管理員、被服間管理員（Linen Room Attendant）

1.負責住店旅客送洗衣物之洗滌事宜。
2.負責旅館所有員工之制服送洗服務。
3.旅館客房及餐廳布巾之洗滌保管工作，如床單、被套、浴巾、毛巾和檯布等。

(五)嬰孩監護員／保姆（Baby Sitter）

嬰孩監護員主要是負責住店旅客小孩之託管照顧工作。

四、其他相關人員

旅館客房部除了上述從業人員外，尚有下列相關人員：

(一)安全人員（Security Supervisor）

1.負責來回巡查檢視住房、通道、公共區域等地方，確保旅客及員工之安全。
2.負責檢查員工上下班之隨身攜帶物品。
3.負責旅館各種災難之緊急處理及消防措施，如安全門及掛於客房門後的緊急避難指示圖檢查。

(二)夜間稽核員（Night Auditor）

1.每日晚上23:00關帳清機，開始核對當天房帳報表交易帳目（上班時間為23:00～隔日清晨7:00）。
2.負責登記晚間尚未登記之帳目及製作營業分析統計表。
3.確定與調整房間狀況。
4.若發現帳目不符，須設法找出原因並提出查核報告。

(三)商務樓層接待員（Executive Floor Receptionist）

1.負責提供商務樓層旅客之住宿接待服務。
2.商務諮詢服務及資訊之提供。

學習評量

一、解釋名詞

1.Front of the House

2.Concierge

3.Housekeeping

4.Butler Service

5.GRO

6.Les Clefs d'Or

二、問答題

1.現代旅館的組織，通常可歸納為幾大部門？並請將每部門各列舉三個單位。

2.你知道旅館的神經中樞是指哪一個部門嗎？並請摘述其主要工作職責。

3.旅館房務部的主要職責為何？並請列出其所屬的單位名稱。

4.旅館大廳值班經理為何另稱之為抱怨經理？你知道其原因嗎？試述之。

5.旅館櫃檯出納係直屬哪一部門？並請說明其工作職責。

6.旅館通常設有Night Auditor，你知道其主要工作職責嗎？

Chapter 3 旅館從業人員應備的條件

單元學習目標

- ◆瞭解服務禮儀的意義
- ◆瞭解旅館基本服務禮儀的規範
- ◆瞭解旅館服務人員應備的條件
- ◆熟悉旅館服務人員的工作規範與禁忌
- ◆培養良好的服務禮儀
- ◆培養旅館職場工作的能力

旅館服務人員的角色，係確保顧客享有美好的旅館服務體驗與溫馨舒適的住宿服務，以滿足其生理與心理之需求。為了扮演好此角色，旅館服務人員除了需要具備一些專業知能外，更重要的是尚須具有良好的儀態與人格特質，否則難以提供高品質的服務給客人。本章將就旅館客房服務人員應備的服務禮儀與基本條件分述於後。

第一節　旅館服務禮儀

旅館主要的產品為服務，而服務業最重要的資產便是「人」，因此旅館從業人員服務禮儀，將會直接影響旅館服務的品質。

一、服務禮儀的意義

所謂「服務禮儀」，係指旅館服務人員在工作上班期間本身的服裝、儀容、站姿、坐姿、走姿，以及人際互動過程中本身的言行舉止、應對進退等禮貌或態度均屬之。

如果旅館服務人員在工作場合與客人互動時，能穿著整潔亮麗的制服，以美好的姿態，親切熱忱的工作態度回應客人，深信會給客人留下極良好的第一印象。反之，若服務人員儀容欠整潔，客人一問三不知，或是以一種粗魯的動作、愛理不理的冷漠態度對待客人，即使旅館建築再雄偉、客房再華麗、設備裝潢再精緻，凡此有形產品均無法彌補那無形產品——「服務」所帶來的損傷與負面衝擊，服務禮儀對於旅館業之重要性自不待贅言。

二、旅館基本服務禮儀

(一)儀表端莊，舉止文雅，具紳士淑女之風

旅館服務人員須隨時注意保持儀容外觀之整潔，給人端莊優雅之良好印象。工作場合須留意本身之舉止動作，唯須避免不必要、多餘的不雅舉止，任何肢體語言，舉手投足均須加以要求訓練。

(二)態度親切，服務熱心，主動迎賓接待

旅館客房服務人員最重要的服務禮儀首推工作態度。如果工作熱心、態度親切、主動積極，能主動發掘客人的需求或問題，並及時提供所需的服務，不待客人開口即適時給予針對性的個人人性化服務，此乃創造顧客滿意度之不二法門，因此旅館客房服務人員任用要件，非常重視員工的工作態度。若旅館所聘用的員工，其服務態度或人格特質不適宜，即使再加以訓練，仍無法勝任客房服務工作，招聘此類員工，就像僱用不會加減法的會計一樣。

(三)禮貌微笑，自然大方

旅館服務人員須經常臉上保持著欣愉的笑容，以陽光可掬的笑容面對每位顧客，普照在工作場合各角落，進而變成人際溝通之觸媒，激勵整個周遭工作夥伴的士氣，進而營造出良好的氣氛（**圖3-1**）。

(四)察言觀色，反應機敏，提供針對性個別服務

旅館服務人員在服務之過程中，必須將視線與注意力集中在客人身上，時時刻刻留意觀察客人的臉部表情與肢體語言動作，藉以提供適時的服務，滿足

圖3-1　旅館人員應經常保持愉快的笑容

其需求，以迅速機敏的動作適時提供服務。

一般顧客來到較陌生的環境，最怕的是受到冷落、忽視或無被告知的等待，凡此情境均會造成客人的不悅與抱怨。因此，旅館服務人員對待每一位客人必須要一視同仁，給予公平的對待與關懷，勿令客人感覺到有受冷落及不被尊重之感。

(五)個人衛生，團隊合作，提升旅館服務品質

旅館服務人員的個人衛生相當重要，如果服務人員手指甲長又髒，身體又有汗臭味，當從客人身旁擦肩而過，委實令人反胃，甚至會破壞整個情境與氣氛。

此外，旅館需仰賴內外場，經由內外部門之合作，始能創造出完美無缺的服務產品，絕非某部門或個人的努力即可竟事。因此服務人員彼此須加強合作，相互支援，如果在整個服務循環中稍有疏失，將會使大家的努力白白浪費掉，必須謹慎。

旅館小百科

世界上最美麗的共同語言——微笑

希爾頓國際酒店集團為全球知名連鎖旅館品牌，其傑出卓越成就，乃源自其「堅定的信心、勤奮努力、微笑」，即Confident, Diligent and Smile。

希爾頓的格言中，以微笑為其對員工最重要的訴求，他經常巡視全球各地的連鎖旅館，每遇見一位員工即詢問：「你今天對客人微笑了嗎？」，他要求員工不但要有一流的設備服務，還需有「一流的微笑」。

第二節　旅館服務人員應備的條件

一位優秀的旅館服務人員，除了須具備端莊的儀表，給予客人良好的第一印象外，尚須具備應變的能力，能迅速處理各種偶發事件，適時提供客人所需的服務，使客人有一種備受尊重之溫馨體驗，留下美好的回憶。茲將旅館服務人員應備的基本條件及工作規範分述如後：

一、旅館服務人員應備的基本條件

(一)高尚的品德，忠貞的情操

旅館業係一種觀光服務產業，其從業人員須具備高尚的品德、高雅的氣質風度，始能給予客人一種可信賴、溫馨的感覺。一位具忠誠情操的服務員，必定會認真工作，確實執行公司所交付的任務外，凡事也會替公司設想。在確保旅館服務品質的前提下，儘量節儉，講求生產力之提升，以降低成本、創造利潤，以達公司所賦予的使命。

(二)豐富的學識，機智的應變力

旅館服務人員須有良好的教育與豐富的知識，才能應付繁冗的客房接待服務工作，適時提供客人所需的服務及回答客人的諮詢，以建立專業的服務形象。

一位優秀稱職的旅館服務人員，還須具有機智的應變能力，能夠在適當時機做正確的事、說正確的話。即使在處理客人抱怨事件時，也能夠在不得罪顧客的前提下，圓滿完成意外事件之處理。將大事化小事，再把小事化無，此乃服務人員應備的一種機智反應特質。

(三)親切的態度，純熟的技巧

旅館服務人員如果在接待服務之過程中，能以優雅純熟精湛的專業技能輔以溫馨親切的服務態度，不僅能提高顧客的舒適感與滿意度，同時旅館品牌形象也會大為提升。

旅館服務人員專業知能愈好，服務態度愈親切，不僅可提供顧客高品質的

服務，旅館業之服務效率、也相對會提高。反之，不但易遭客人抱怨，也會影響營運績效與服務品質。因此，「服務態度」此特質乃成為今日旅館業聘用及晉升員工最為重要的指標。

(四)良好的外語表達能力與應對能力

一位專業的旅館人員，須具有良好的外語表達能力與溝通協調的應對能力，如此才能提供顧客所需的各項產品或服務（**圖3-2**）。如果欠缺語言表達能力或欠缺與客人應對溝通協調之能力，那又如何提供客人所需的產品，又如何奢言賓至如歸的接待服務。

因此，旅館人員至少須具備兩種以上之外語，如英、日語，才能與客人自由溝通，並適時提供貼切的服務，也唯有如此，才能順利完成本身的工作及公司所賦予的任務。事實上，今天旅館業聘任新進人員，也是以此兩項能力指標為重點考量。

(五)專注的服務，察言觀色的能力

旅館從業人員之心思要細膩，懂得察言觀色。在工作場合中必須隨時關心周遭任何一位客人，注意其表情與動態，以便主動為其提供服務。例如：在大

圖3-2　旅館人員應備良好的外語與應對能力

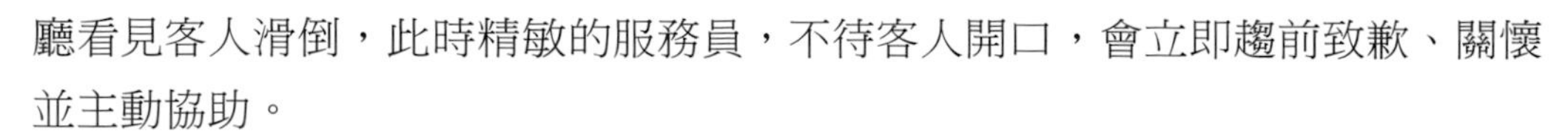

廳看見客人滑倒，此時精敏的服務員，不待客人開口，會立即趨前致歉、關懷並主動協助。

專業的服務員能隨時保持高度警覺心，確實掌控服務區的各種狀況，並能及時迅速處理，隨時關心每位客人的需要，並主動為客人服務，使客人有一種備受禮遇之感。

(六)正確的角色認知，認識自己、肯定自己

人生就像個舞台，每個人如同一位演員，今天一旦你決定從事某項工作或職業，不論你所扮演的角色如何，對整個社會或團體均甚重要，因此吾人定要全力以赴，認真稱職地去完成分內那份工作，今天的成功或失敗，完全決定於自己本身是否具備正確的服務心態而定。因此，必須瞭解自己本身所扮演的角色、尊重自己所扮演的角色，以及演好自己所扮演的角色。

(七)樂觀進取，敬業樂群

旅館業是項有趣而富挑戰性之工作，要能學習樂觀開朗。此外，旅館業須仰賴全體員工合作共事，發揮高度容忍力與團隊精神，才能產生最佳服務品質與工作效率。因此，從業人員須具有主動負責的敬業精神，能與同事和諧相處，小心謹慎地學習，領悟正確而有效率之做事方法，進而培養良好的工作習慣。例如：房務部須經常與客務部保持密切聯繫，始能有效提升住房率與營運績效。

(八)情緒的自我控制能力與健康的身心

旅館從業人員之工作量重，工作時間長，且大部分的時間均需要站立或搬運器皿來回穿梭於顧客群中，若無健康的身心與情緒自我控制能力，委實難以勝任愉快。

旅館服務人員每天要面對各種類型的客人，每位客人之需求均不一，再加上有些客人之要求不盡合理，幾近於苛求挑剔，身為服務人員的我們，仍須回以殷勤的接待服務，不可讓心裡不滿的情緒形之於色。因此，優秀的旅館從業人員，應具有成熟的人格特質，懂得如何控制自己的情緒，不會讓情緒影響自己的工作生活。

(九)樂觀開朗、具同理心

旅館服務人員個性要開朗，才能將歡樂帶給客人，使客人感受到一股清新的愉悅氣氛。此外，一位稱職的服務員須具有同理心，能隨時隨地設身處地為客人著想，以顧客的滿意作為自己最大的成就動機。

(十)正確的服務人生觀與生活價值觀

一位優秀的旅館從業人員，必須要先具備正確的服務人生觀，才能在其工作中發揮最大的能力與效率（**圖3-3**）。所謂「正確的服務人生觀」，不外乎自信、自尊、熱忱、親切、幽默感，以及肯虛心接受指導與批評，富有進取心與責任感。

旅館從業人員必須擁有正確的生活價值觀與服務人生觀，才能將工作視為生活，也唯有工作與生活相結合，本著服務為快樂之本，才能有正確的工作動機，進而熱愛其工作，享受其工作之碩果。

圖3-3　旅館人員應有正確的服務人生觀

二、旅館客房服務人員的工作規範

為確保旅館服務產品質量的穩定性，使其達到某一定的服務水準，通常現代化的旅館均訂有系列的標準化作業及服務規範。茲就旅館客房服務人員在職場工作應遵循的服務規範及禁忌摘述如**表3-1**所示。

表3-1　旅館客房服務人員的工作規範與禁忌

服務規範	1.主動熱忱迎賓、招呼及服務。 2.面帶微笑、神情愉悅，態度誠懇，親切和藹來面對客人，使顧客能感受到真誠。 3.講究服務禮節及言談舉止的禮貌，主動親切問候。 4.本著同理心，時時站在顧客立場著想，不待客人開口即能滿足顧客需求。 5.服務要勤快，手勤、眼勤、嘴勤、腿勤，行動敏捷，講究服務效率，使顧客有賓至如歸之舒適感與安全感。 6.服儀穿戴整潔，上班不遲到早退。 7.房務員進入客房前，須先敲門，並經允許後始能進入；事情處理畢，應立即離房，不可打擾房客。 8.房客退房後，若有遺留物品應轉交房務辦公室依失物招領「Lost & Found」來處理。 9.熟記房客姓名、特殊習性與喜好，並維護房客的隱私。 10.愛惜公物，維護旅館設施及設備之整潔。
工作禁忌	1.嚴禁與客人發生爭執，更不可在言行舉止上冒犯客人。 2.嚴禁與房客私下外出，或用手搭客人肩膀等過於親密的行為。 3.面對客人詢問時，絕對不可說「我不知道」，而應該先說「對不起，我不甚清楚，待會兒再回覆您好嗎？」 4.客人若有交辦事項，須立即記錄並馬上處理，不可延誤。 5.房客有訪客時，未經房客同意，不得隨便為訪客開門。 6.嚴禁使用客房電話、衛浴設備、電視等客房設備及客用電梯。 7.嚴禁翻動房客私人物品或行李，也不可吃客房剩餘食物，更不許為索取小費而去暗示客人或故意討好客人。 8.嚴禁將退房客人的遺留物品據為己有。 9.嚴禁在樓層與同事討論房客的是非，更禁止將房客姓名、行蹤或習性等告訴無業務關係的客人。 10.嚴禁使用客房設施或設備，更嚴禁將客房備品攜帶外出。

第三節　旅館經理人員應備的條件

旅館經理人員是整個企業的領導者，也可說是旅館企業的「指揮中心」。因此其經理人員不論在思想、品德、學識、能力等各方面，均須具有一定的水準，此外，最重要的是領導統御與解決問題的能力。茲將旅館經理人應備的條件分述如下：

一、思想品德方面

思想品德是經理人最為重要的條件。企業營運的概念、企業文化之建立及企業組織能否順暢運作，均涉及經營管理人員本身之理念及法律觀念。

(一)思想理念

1.經理人員本身的思維要敏銳，有先見之明，能預測未來、洞察機先，有正確的理念與世界觀、國際觀。
2.不墨守成規、有創見，能依市場需求調整營運方針、策略及工作方法（圖3-4）。

圖3-4　經理人須依市場需求來調整營運策略

(二)品德操守

1.經理人員品德操守要廉潔、正直、誠信。
2.強烈法制意識，有守法、守紀的素養，能遵循公司紀律，依法行政。

(三)行事風格

1.行事風格要民主，能接受別人善意的建言。
2.熱心負責，任勞任怨，以身作則。
3.有創見、有自信，能充分授權與人分享權利。
4.能教導員工、激勵員工，以發揮最大工作效率。
5.能以輔導代替管理；以獎賞激勵代替懲罰斥責。
6.行事光明磊落、正直、誠懇，肯自我犧牲奉獻。
7.善於溝通協調，領導全體員工，提升內聚力與向心力。
8.建立良好人際關係，化危機為轉機。
9.樂在工作、享受工作，樂於隨時支援別人。
10.善盡企業社會責任與義務。

二、專業學識方面

旅館經理人應具備的專業知能，可分為下列三大領域：

(一)專業知識

1.現代旅館業經營管理人，必須具備觀光旅館經營管理此學術領域的相關專業知識。無論是理論或實務的專業知能均要熟悉，涉獵愈廣，對其本身工作的效益也愈大。
2.經理人員對基層的服務工作必須要全盤瞭解，始能研發創新服務技巧或改良產品性能。

(二)管理科學

1.精研現代企業管理的方法，將其原理原則應用在管理實務上，以提升營運效益，降低營運成本，創造更多的利潤。

2.具備成本控制的正確理念，重視數據管理、目標管理，以及能運用利潤中心制來創造利潤。

3.能運用電腦資訊科技加強內部營運管理，增進營運績效。

(三)社會科學

現代旅館經營管理所涉及的範圍甚廣，除了本身專業知能外，還涉及整個社會相關行業與法令規章。因此身為經營管理者，務必要能瞭解外在環境之變化，關於社會科學要有正確的認識，以利規劃擬訂及決策判斷之依據或參考。

三、經營管理與領導統御之能力

旅館經理人應具備下列經營管理及領導統御能力：

(一)經營管理的能力

1.須有豐富的想像力、創造思考力。

2.具有科學化邏輯思維能力及分析判斷力。

3.具有規劃、組織、執行、考核之決策執行能力。

4.良好的溝通協調能力與公關行銷之能力。

5.具有危機處理的應變能力。

(二)領導統御的能力

1.領導統御貴在「高倡導、高關懷」，透過溝通協調並以激勵的方法，結合組織所有人力、物力，使其發揮最大效益，進而達成企業營運目標。

2.身為經營管理者，須有遠見膽識，以其堅強的毅力，結合大家的智慧與力量，當機立斷，以身作則，共同努力。

3.善於自我控制的能力，能適時控制自己的情緒及調適情緒。

學習評量

一、解釋名詞

1.服務禮儀
2.專注的服務
3.同理心
4.工作規範
5.Lost & Found
6.管理科學

二、問答題

1.旅館客房服務人員應備的服務禮儀當中，你認為哪一項最為重要？為什麼？
2.你認為旅館從業人員應具備良好的服務禮儀嗎？為什麼？試申述之。
3.你認為一位優秀的旅館服務人員，應具備哪些基本條件？試摘述之。
4.何謂「正確的服務人生觀」？試申述己見。
5.假設你是旅館樓層的客房服務員，當你面對住客詢問某件事情，但你卻不甚清楚時，請問你該如何正確回覆他？
6.如果你是旅館房務員，當你在打掃已遷出的空房時，發現有房客遺留物品，此時你將會如何處理？

Chapter 4 旅館客房設備、器具與備品

單元學習目標

- ◆瞭解旅館客房常見的基本設備
- ◆瞭解旅館客房床鋪的類別與規格
- ◆瞭解客房器具購置的基本原則
- ◆瞭解旅館客房器具的空間配置
- ◆熟悉旅館客房備品的類別及設計原則
- ◆培養旅館房務管理的能力

旅館的類別很多，營運銷售對象互異，再加上客房種類及等級之不同，因此其所提供的客房設備、器具及備品等服務內容也有所不同。本章將針對當今現代旅館客房常見的設備、器具及各種備品，分節予以介紹。

第一節　客房的設備

旅館客房類別不同，其客房空間所配置的設備種類、規格尺寸，甚至所提供的數量也不盡相同。基本上，旅館客房的設備計有：空調、寢具、衛浴、電信及安全設備等多種，茲分別摘介如下：

一、空調設備

空調設備具有冷卻、除濕、加溫、換氣以及空氣淨化的功能。目前一般觀光旅館為符合法令規定及滿足旅客需求，均在旅館客房及公共用室設有空調設備（**圖4-1**）。

圖4-1　客房空調設備

為提升旅館服務品質並增進旅館空間之美觀，大部分觀光旅館均採用冷水循環式中央空調系統為多。

二、床鋪設備

旅館內最重要的部分是客房，客房內最重要的設備則首推床鋪此寢具設備。因此，清潔、衛生、舒適的床鋪乃旅館客房內最重要的基本設備。

床鋪寢具通常是由上下床墊組合而成。上床墊，一般係以彈簧床為主；下床墊則以底部設有腳架及活動式滾輪者為多，以便房務員清潔整理時，移動翻轉床鋪較方便（**圖4-2**）。

為防止床鋪變形以及延長其使用壽命，因此通常每三個月或每季會將床墊予以「上、下」、「前、後」之方式來翻面調整。此外，有些現代化旅館尚備有長腳凳，可延伸床的長度，以供房客使用。

床鋪的種類及規格很多，其一般高度均在45～60公分之間。至於床的種類，茲分別就其規格尺寸、結構用途兩方面，列表說明，如**表4-1**、**4-2**所示。

圖4-2　上下床墊組合的寢具

註：本圖由景文科技大學旅館管理系協助拍攝

表4-1　床鋪種類及其規格

床鋪種類	規格尺寸	內容說明
單人床（Single Bed）	長200公分×寬100公分	1.為床鋪尺寸最小的床，另稱小床（圖4-3）。 2.旅館三人房所採用的三張小床即為此型為多。 3.一般旅館標準雙人房（Twin Room）所擺設的兩張小床即為此類床型。
雙人床（Double Bed）	長200公分×寬135公分	1.旅館標準雙人房（Double Room）擺設一張可供兩人睡的床，即為此類「床鋪」。 2.此床鋪也是豪華單人房所採用的床型，俗稱大床（圖4-4）。
半雙人床（Semi-Double Bed）	長200公分×寬150公分	此類雙人床可作為旅館高級雙人房的床鋪。
大號雙人床（Queen-Size Double Bed）	長200公分×寬160公分	1.大號雙人床另稱皇后床，為一種加大型的床。 2.此型床鋪可作為豪華雙人房（Deluxe Twin Room）使用。
特大號雙人床（King-Size Double Bed）	長200公分×寬200公分（另有一種特大雙人床之規格，長寬各為220公分，唯國內較少）	1.為旅館尺寸最大的床型。 2.旅館所謂的四人房，一般均擺設兩張此型特大雙人床為多。

圖4-3　擺兩張單人床的客房

圖4-4　雙人床

表4-2　不同結構用途的床鋪種類

床鋪種類	結構用途說明
摺疊床（Extra Bed）	旅館一般臨時加床使用的一種活動床，其規格為長200公分×寬90公分。
嬰兒床（Baby Cot）	係旅館專為嬰兒所提供的床鋪，其規格不一。
普通床（Conventional Bed）	1.附有床頭及床尾板。 2.床較床架低，床中央凹處放床墊。
好萊塢式床（Hollywood Bed）	1.可將兩張單人床合併，而兩側各置放床頭櫃，則成為好萊塢式雙人床（Hollywood Twin Bed）（圖4-5）。 2.無床頭板，有時也無床尾板（可拿掉）。 3.可兼作為「沙發」使用。
沙發床（Studio Bed）	1.係由好萊塢床改良而成，床鋪緊靠牆壁。 2.白天床鋪覆蓋床罩後，作為沙發用，晚上當床用（圖4-6）。 3.最大特色為適合小房間小坪數客房使用。 4.係由史大特拉希爾頓旅館（Statler Hilton Hotel）最先使用，故另稱之為“Statler Bed”。
門邊床（Door Bed）	床頭與牆壁以鉸鏈連結。白天將床尾往上扣疊，緊靠牆壁，晚上再放下來作為床鋪。
裝飾兩用床（Wall Bed）	白天可摺疊作為牆壁飾物架，晚上再作為床用。
隱藏式床（Hide-A-Bed）	係一種沙發床，為雙人床兼作為沙發用，床架可摺疊起來作為沙發使用。

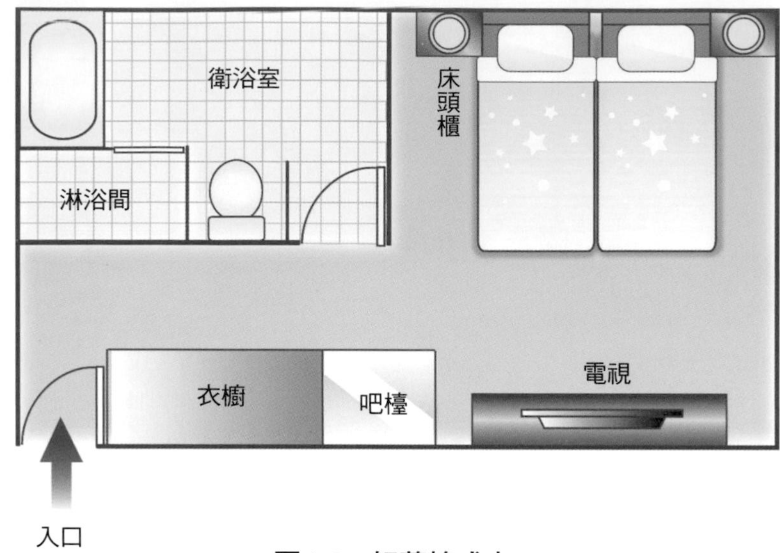

圖4-5　好萊塢式床

圖4-6　沙發床

三、衛浴設備

客房衛浴設備為旅館客房的基本設備之一，衛浴室係一種結合給水、排水、排氣等機能的空間，也是客房最容易造成意外事件的場所。因此，在規劃設計時，即須以安全性、舒適性和美觀性，以符合人體工學來考量，始能提供旅客安全、溫馨、舒適的衛浴環境。

基本上，客房衛浴區必須備有洗臉盆、淋浴設備、沖水馬桶及供應冷熱水。茲分別說明如下：

(一)洗臉檯與洗臉盆

客房的洗臉檯多採用容易清洗的石材製品，如大理石、花崗岩。至於洗臉盆則以瓷器製品較為常見，且採用下嵌式安裝在洗臉檯上（**圖4-7**）。

洗臉檯上方設有一面能防霧或熱氣的大鏡子，以利客人化妝用。洗臉盆上方則設有能供應冷熱水的不鏽鋼材質的水龍頭。此外，旅館客房衛浴區尚備有吹風機。

圖4-7　洗臉檯與洗臉盆

(二)浴缸與淋浴間

◆浴缸

可分為普通浴缸與按摩浴缸等兩種，其材質多以玻璃纖維、鋼板琺瑯以及鑄鐵琺瑯等三種較常見。為維護客人的安全與隱私，通常浴缸上方設有防滑握桿、緊急鈴、電話，以及浴簾與沖浴蓮蓬頭。

◆淋浴間

目前現代化的旅館設計，每一間客房均設有獨立的淋浴間，期使衛浴區能乾、濕分離（**圖4-8**）。

(三)沖水馬桶與免治馬桶

目前旅館客房所使用的沖水馬桶，多以靜音、省水的單體瓷質馬桶為主。此外，在國內外較高級的旅館尚提供免治馬桶（Bidet）或下身盆（**圖4-9**）。

四、電話、網路幹線設備

現代化的旅館客房除了備有自動電話外，尚架設光纖網路，以提供旅客電

圖4-8　淋浴間乾溼分離

圖4-9　馬桶與下身盆

話、電腦與傳真等資訊科技服務。

五、安全與照明設備

旅館客房為提供旅客一個安全、溫馨的住宿環境，對於客房的安全與照明設備相當重視，茲摘介如下：

(一)安全設備

客房的安全設備計有：門鎖、安全扣或門鉸鏈、窺視孔、逃生避難指示圖、煙霧偵測器、自動灑水器，以及客房專用保險箱（**圖4-10**）等多種。

(二)照明設備

為營造旅館客房的氣氛情調，旅館客房在設計規劃時，對於客房空間之照明均甚講究，期使天花板之嵌燈、牆上之壁燈，以及各式活動式燈具之光度能相調和。一般而言，客房的照明設計均維持在50米燭光。

圖4-10　保險箱

第二節　客房的器具

旅館客房器具的種類很多，且每家旅館的營運風格及市場定位不同，所以各旅館客房器具之選用與配置方式也互異。本節將就旅館客房器具購置之基本原則以及常見的客房器具，分別加以介紹。

一、客房器具購置的基本原則

旅館客房器具之購置，端視客房空間大小及旅館營運風格而定，唯均須遵循下列購置的基本原則：

(一)統整和諧的原則

客房所有器具的購置，務必注意其色調、材質、規格大小及配置的位置，期使空間不大的客房能營造出高雅的氣氛與流暢的格局動線，並且避免多餘的器具與飾品，力求簡單、高雅、溫馨之和諧感（**圖4-11**）。

圖4-11　客房器具色調力求高雅、溫馨、和諧

(二)經濟實用的原則

客房器具以堅固實用、操作簡便、便於存放、清潔維護容易、不易汙染或損傷之材質與結構為優先考量，然後再考慮合理的價格，以符合經營管理者之需求。

(三)符合使用者需求的原則

客房器具的購置，最重要的是能符合使用者的需求，如果所選購的器具操作費時，且欠缺安全性，或過於老式，則無法符合使用者之需求。

(四)典雅與安全的原則

客房器具須能彰顯旅館品味並符合其形象，因此客房器具須典雅並符合時尚。此外，更要注意其材質與性能是否具高度安全性，如防火、防水或耐震。

二、常見的旅館客房器具介紹

一般旅館客房器具，大部分均分別配置於客房的客廳、臥室、衣櫥及衛浴區等地方，茲介紹於後：

(一)起居室／客廳（Living Room Area）

◆**家具類器具**

1.沙發組：有2～3人或以上的不同組合。

2.扶手椅。

3.茶几。

4.邊桌。

5.電視櫃。

6.餐桌椅。

7.寫字桌椅（**圖4-12**）。

8.迷你吧檯。

9.冰箱櫃。

10.竹製或木製紙簍。

◆**電器類器具**

1.請勿打擾／整理房間指示燈（**圖4-13**）。

圖4-12　客房沙發與寫字桌椅

圖4-13　請勿打擾指示燈

2.門鈴。

3.電源總開關。

4.空調出風口。

5.溫度調節器。

6.電視。

7.錄放影機。

8.落地燈／壁燈／檯燈。

9.電話機。

10.傳真機。

11.電腦網路插座。

12.冰箱。

13.飲水器／保溫瓶。

◆木作類器具

1.房門、房號牌。

2.固定式行李架。

3.門鎖、窺視孔（**圖4-14**）。

圖4-14　房間號碼與窺視孔

4.安全扣／鍊。

5.門擋（銅飾條）。

(二)臥室區（Bed Room Area）

◆家具類器具

1.床檯櫃（含電燈、音響、電視、空調冷氣、鬧鐘等開關之控制組合面板）（圖4-15）。

2.床頭板：為搭配床鋪的組合。

3.化妝桌：含化妝鏡框及椅凳。

4.沙發組：可供2～3人坐的沙發組。

◆電器類器具

1.手電筒。

2.落地燈及燈罩。

3.小夜燈。

圖4-15　床頭櫃

4.鬧鐘（有部分旅館是獨立置於床頭櫃上）。

◆木作類器具

1.窗台（含窗戶玻璃）。

2.窗簾盒。

(三)衣櫥櫃區（Store Room Area）

◆家具類器具

1.活動式行李架。

2.一般衣架或立式衣架（**圖4-16**）。

3.燙衣板。

◆電器類器具

1.衣櫥燈。

2.電熨斗（**圖4-17**）。

◆木作類器具

1.穿衣鏡。

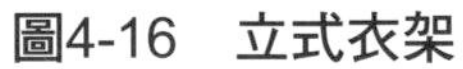

圖4-16　立式衣架

圖4-17　電熨斗與燙衣板

2.衣櫃（含衣櫃門、隔板、輪軌）。

◆**其他類**

1.保險箱。

2.磅秤。

(四)衛浴區（Bathroom Area）

◆**家具類器具**

垃圾桶：須附蓋。

◆**電器類器具**

1.浴室燈及燈罩。

2.吹風機。

3.電源開關／插座。

4.電話（**圖4-18**）。

5.排氣孔蓋。

圖4-18　旅館浴室電話

6.警鈴。

◆木作類器具

1.浴室門。
2.掛衣鉤。
3.鏡子。
4.毛巾架。
5.晾衣繩。
6.浴簾桿。

第三節　客房的布巾與備品

觀光旅館之所以引人入勝，除了旅館華麗的雄偉建築、金碧輝煌的裝潢設施，以及客房高雅的昂貴家具與設備外，首推旅館精緻典雅的備品及消耗性用品。因此，每一家旅館對於彰顯其形象與地位之客房備品，均費神予以考量設計。本節將分別就旅館客房的布巾與備品摘介說明。

一、旅館客房布巾

旅館的布巾種類繁多，且數量大，為旅館最大宗的消耗品，如果欠缺有效的制度與辦法來控管，將會影響旅館營運成本及費用支出之增加。一般大型國際觀光旅館有自設洗衣部工廠，至於較小型旅館均以委外洗衣廠承洗，以降低人事成本及機具維修成本。

(一)旅館客房布巾的種類

旅館客房布巾主要分臥室布巾及浴室布巾兩種，茲說明如**表4-3**所示。

(二)旅館布巾的材質

旅館布巾材質的好壞，不但影響旅館本身形象，也會影響布巾品之使用年限及費用支出，因此旅館布巾的材質及選購工作相當重要。茲將旅館布巾質量成分介紹如下：

表4-3　旅館客房布巾種類

地點	中文名稱	英文名稱	說明
客房	保潔墊（床墊布）	Bed Pad	置於床墊上面，作為保潔用。
	床單	Bed Sheet	通常每張床均鋪設1～2條床單。
	毛毯	Blanket	鋪於床單上方，通常會以床單作襟。
	枕頭套	Pillowcase	材質以純棉為佳。
	床罩	Bedspread / Bed Cover	床罩顏色宜亮麗，避免使用白色床罩，以免給人一種不適之感。
	床裙（圖4-19）	Bed Skirt	床裙顏色須與床罩同色系較佳。
浴室	浴巾（圖4-20）	Bath Towel	為浴室布巾尺寸最大者，其長寬比例為2：1，以純棉為佳。
	面巾	Washcloth / Wash Towel	另稱洗臉毛巾，其長寬比例為2：1，是浴室布巾尺寸中號毛巾。
	手巾	Hand Towel	另稱小方巾，其長寬比例為1：1，為最小的浴室布巾。
	浴墊（足墊布）	Bath Mat	置於浴室入口或浴缸外，為浴室布巾厚度最厚者。置於浴缸內的塑膠止滑浴墊則稱為Non-slip Bathtub Mat。

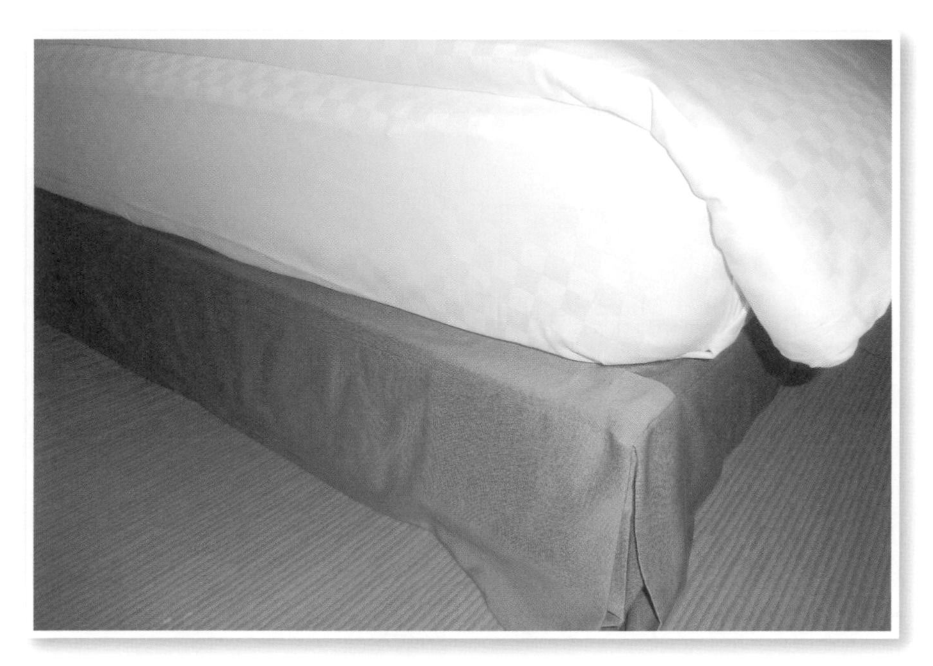

圖4-19　客房床裙

圖4-20　客房浴室常見的布巾與備品

旅遊小百科

浴墊的類別

旅館常見的浴墊，通常有下列兩種：

1.塑膠浴墊（Rubber Mat）通常是置於浴缸邊緣備用。使用時，再置放於浴缸內，其目的乃在防範沐浴時不慎滑倒。
2.布巾浴墊（Bath Mat）通常是置於浴缸邊緣，放在塑膠浴墊之旁或上面。使用時，係置於浴缸外面地板上，其目的乃在供客人沐浴後，離開浴缸墊足、拭乾足部水漬用，並具防滑之效。此類墊布另稱足墊布、足布。

圖4-21　布巾浴墊

◆純棉布巾

此類布巾為百分之百的純棉（Cotton 100%），其優點為質地柔軟、透氣、吸水性強，如口布、服務巾、被套、床單及枕頭套，均以純棉材質較佳。

◆混紡布巾

此類布巾較挺，不易皺。依其含棉成分不同，可分兩種：

1.CVC布料：係指Cotton Viny Cotton，其棉的成分占一半以上，可供作為口布或檯布用。
2.TC布料：係指Textile Cotton，其棉的成分約占40%，可供作為員工制服或圍裙用。

◆人造纖維布巾

此類布巾係百分之百的人造纖維織成的布，外表亮麗不會皺，且易洗易乾，唯不吸汗、不易透氣。可供作為床罩、窗簾或檯布。

(三)客房布巾的標準定額（Standard Number）

客房布巾的安全存量，每一張床須準備三至五套的布巾，因此客房布巾標準定額，每張床不得少於五套，其理由為：一套正在使用中（**圖4-22**），一套送洗中、一套在備品室，其餘兩套置存布巾室備用。

至於旅館客房布巾的標準定額，其主要考量因素為：

1.客房床鋪數多寡。
2.客房利用率及住房率。
3.布巾耐洗次數（耐用度）或使用年限。
 (1)純棉床單：約180～200次。
 (2)混紡床單：約200～250次。
 (3)棉質浴巾、面巾、手巾約150次。
4.送洗、修補布巾所需時間。
5.旅館本身財務政策因素考量。

圖4-22　一套正在使用的客房布巾

二、旅館備品的意義

旅館的備品（Supplies / Amenities）是一種概括性名詞，包含旅客可帶走的消耗品、客房用品、衛浴清潔用品、電器用品及家具用品等。易言之，旅館的備品係泛指為滿足客人的美好溫馨住宿休閒體驗，而提供的精心設計之日常生活用品，期以創造顧客最大的滿意度，進而提升旅館品牌形象。

三、旅館客房備品的類別

旅館客房備品的種類相當多，一般而言，可概分為消耗性與非消耗性備品等兩大類。

(一)消耗性備品

所謂「消耗性備品」，係指旅館財物之使用年限在兩個月以內，或因使用即會消耗者。茲摘介如下：

◆客廳／起居室

1.歡迎卡及迎賓水果（**圖4-23**）。
2.便條紙、信封及文具組。
3.茶包、咖啡包、糖包、奶精包。
4.礦泉水。
5.調酒棒。
6.杯墊。
7.早餐卡。
8.迷你吧檯帳單。
9.顧客意見表。

◆臥室區

面紙。

◆衣櫥櫃區

1.拖鞋（**圖4-24**）。
2.洗衣單、洗衣袋。

圖4-23　歡迎卡及迎賓水果

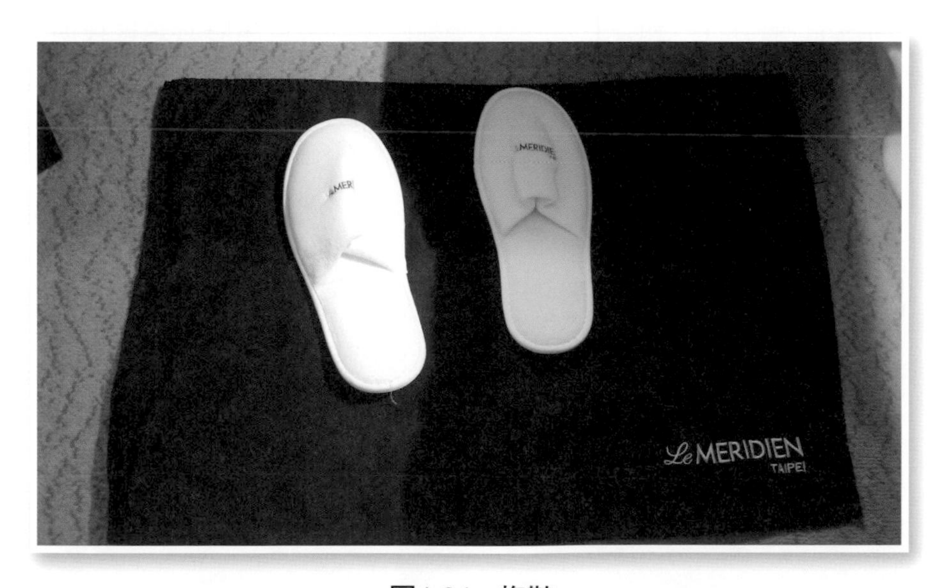

圖4-24　拖鞋

3.擦鞋布、擦鞋油、擦鞋卡及擦鞋袋。

4.垃圾袋。

5.針線包。

◆衛浴區

1.洗髮精、潤髮乳。

2.沐浴乳、香皂（**圖4-25**）。

3.浴帽、梳子。

4.牙刷、牙膏。

5.刮鬍刀、刮鬍膏。

6.護膚乳液。

7.棉花棒、棉花球。

8.指甲挫片。

9.杯墊紙、水杯紙套。

10.衛生紙、衛生袋。

(二)非消耗性備品

所謂「非消耗性備品」，係指旅館財物之使用年限在兩年以下，兩個月以上之客房用品，其特性為耐用、年限較不易確定，但使用時必定會耗損或破壞其外觀者。茲摘介如下：

◆客廳／起居室

1.水果盤、餐刀、餐叉。

圖4-25　沐浴乳、香皂

2.冰桶、冰夾、咖啡杯與盤（**圖4-26**）。

3.玻璃杯皿。

4.雜誌。

5.文具夾。

6.服務指南。

7.客房餐飲菜單。

8.便條紙盒／夾。

9.電視節目表。

10.請打掃房間卡。

11.請勿打擾卡（**圖4-27**）。

◆臥室區

1.窗簾。

2.床單、床裙、床墊布。

3.羽絨被／套。

圖4-26　咖啡烹調器及杯皿

圖4-27　請勿打擾卡

4.毛毯。

5.枕頭套。

6.腳墊布。

7.聖經。

◆衣櫥櫃區

1.浴袍（圖4-28）。

圖4-28　浴袍

2.衣架、衣刷。

3.鞋刷、鞋拔。

4.備用枕頭、羽絨被。

5.手電筒。

6.保險箱說明卡。

7.雨傘。

◆衛浴間

1.浴墊布、止滑墊、浴簾。

2.浴巾、面巾、手巾（**圖4-29**）。

3.肥皂盒／碟。

4.備品籃／盤。

5.客衣藤籃。

6.玻璃水杯。

7.面紙盒。

8.棉花球罐。

9.垃圾桶。

圖4-29　衛浴間備品

三、旅館客房備品設計須遵循的原則

旅館客房備品的設計，須注意下列幾項原則：

(一)實用性、便利性

旅館客房所提供給客人之備品，最重要的是能符合客人的需求，使客人感覺到非常貼心，方便舒適（**圖4-30**）。若客房備品無法滿足客人此項基本需求，則其一切努力可謂徒勞無功。

(二)完整性、多樣性

旅館客源除了觀光客、商務旅客外，家庭親子團、女性旅客以及銀髮族客人也愈來愈多，因此客房備品須能考量以多元化市場旅客之不同需求。例如仕女型旅客之化妝品、衛生用品；親子團的兒童衛浴用品；銀髮旅客所需之防滑設備，或放大鏡等等備品，力求儘量完整，考慮到多元化需求。

(三)形象性、時尚性

旅館客房備品之設計，要能營造出企業形象（Corporate Identity System,

圖4-30　客房備品須講究實用性、便利性

CIS）風格特性，並能符合時代潮流與社會時尚。例如目前環保觀念盛行，旅館備品外包裝是否也考慮少用塑膠製品，儘量以再生紙或布製品來取代。另外，養生美容之風興起，旅館是否也考慮用芳香精油或沐浴鹽等來吸引旅客，投其所好。

(四)經濟性、操作性

備品之設計儘量要便於客人使用，操作要簡單，步驟勿太繁瑣。此外，更需考慮備品的成本花費。

(五)安全性、健康性

旅館備品之包裝、式樣、色調與旅館形象標誌，必須能提升旅館品牌形象，不過最重要的是備品本身之安全性。例如清潔用品是否能適合一般體質的房客；客房浴袍布料是否純棉貼身及拖鞋是否免洗又具抗滑功能。

學習評量

一、解釋名詞

1.King-Size Double Bed

2.Twin Room

3.Hollywood Bed

4.Non-slip Bathtub Mat

5.Rubber Mat

6.Bed Pad

二、問答題

1.客房最重要的基本設備為何？並請說明維護此設備防範其變形的有效方法。

2.旅館的客房有三人房及四人房等多種，請問其房內所採用的床型規格有何差別？試述之。

3.好萊塢式床非常受當今旅館所採用，請問該床型有何特色呢？

4.如果你是旅館採購經理，當你在選購客房器具時，你會考量哪些原則？

5.何謂Supplies或Amenities？並請摘述其主要功能。

6.旅館備品設計時，須注意哪些原則？試摘述之。

Chapter 5

房務鋪設作業實務

單元學習目標

- ◆瞭解拆除床鋪布巾的要領
- ◆瞭解單人床包覆毛毯的鋪設要領
- ◆瞭解鋪設羽絨被的雙人床作業要領
- ◆瞭解旅館加床鋪設作業的要領
- ◆瞭解旅館開夜床服務的作業流程
- ◆熟練旅館房務鋪設的技巧

客房為旅館主要產品，旅客進住旅館均希望能享有溫馨的接待服務，以及能讓身心愉悅與安頓抒放的清潔雅緻的客房住宿設施，因此客房內最為重要的設備則首推床鋪。為提供旅客優質的住房品質，房務人員除了須具備一般服務禮儀及接待技巧外，更要有專精熟練的房務鋪設作業能力，始能扮演好其職場上的角色。本章將分別針對客房單人床、雙人床、加床及開夜床等房務鋪設作業之要領，逐節詳加介紹。

第一節　旅館房務鋪設的前置作業

旅館房務鋪設為客房清潔維護作業程序中之一環，即自按鈴或敲門進入客房、客房檢查、打開門窗、清理垃圾、收集布巾、整理床鋪（房務鋪設）、清潔擦拭、補充備品、清潔地板及最後檢視等工作均屬之。

旅館客房床鋪的類型很多，如單人床、雙人床或活動床等均是。無論任何床型，在進行床鋪鋪設前，均須先拆除床鋪上已使用過的布巾，除非基於環保節能考量，房客要求不更換，否則在床鋪鋪設前，通常要先拆卸床上的布巾，始可進行後續床鋪鋪設之工作。

一、拆除床鋪布巾的原則

現代化的旅館均會提供毛毯或羽絨被供房客使用，雖然每家旅館營運管理規範不盡相同，唯其拆卸床鋪布巾的作業方式均採「由上而下」的原則來拆除布巾，即先拆除上層布巾或被套，再拆除下層的布巾、枕頭套或保潔墊。茲分別就床鋪「鋪設毛毯」及「鋪設羽絨被」之布巾拆除方式，說明如下：

(一)床鋪鋪設毛毯的布巾拆除方式

◆拆除上層床單

先拆除包覆毛毯的上層床單，使毛毯與床單分離（**圖5-1**），拆下的上層床單可先暫置於床鋪上。

◆摺疊毛毯

1.首先將毛毯平鋪床上攤平，有標誌的正面朝上（**圖5-2a**）。

圖5-1　拆除上層床單

註：圖5-1至圖5-11由景文科技大學旅館管理系協助拍攝

2.將毛毯向後拉，再朝前對摺兩次，呈長條狀（**圖5-2b**）。

3.再將長條狀毛毯由右往左對摺後（**圖5-2c**），再由左往右對摺一次（**圖5-2d**），即完成毛毯的摺疊，可先將毛毯置於衣櫃或適當位置，以利後續其他布巾的拆除工作。

◆拆除第二層床單及最下層包覆床墊的床單

為節省時間，拆除第二層床單及最下層床單可同時一併拆除（**圖5-3**），然後暫置於床墊上。唯絕對不可任意棄置於地板上。

◆拆除枕頭套

將枕頭自枕頭套中取出（**圖5-4**），卸下的枕頭套暫置床墊上。至於枕頭可暫置於衣櫃或其他適當位置。

◆拆除保潔墊

1.保潔墊拆除時，須先將固定在床墊四角的鬆緊帶逐一往上拉開（**圖5-5**），再將保潔墊拆下送洗。

2.有些旅館並不一定每次鋪設床鋪均要拆除保潔墊送洗，而是看其是否有汙損而定。若發現有髒汙或破損，始須拆除送洗或更換。

◆收集布巾待送洗

將保潔墊卸下後，連同前面所換下來的髒布巾丟置於布巾車或房務工作車之布巾袋內，再一併待送洗（**圖5-6**）。

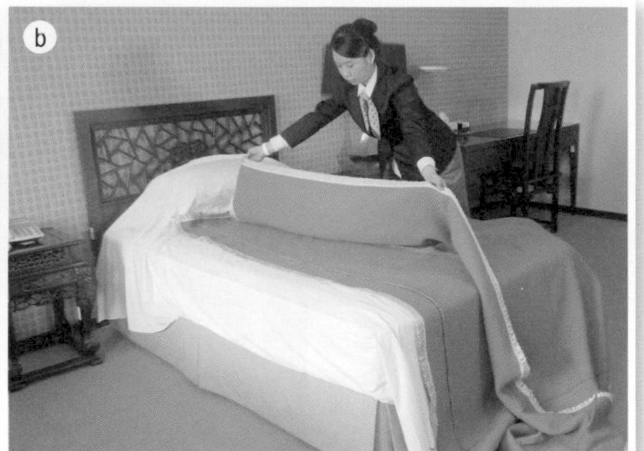

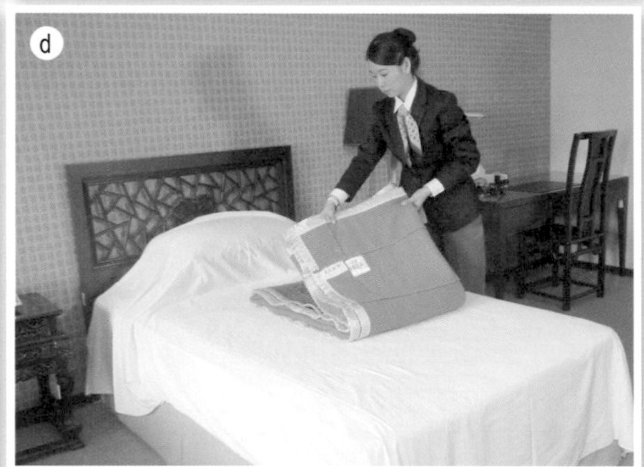

圖5-2　摺疊毛毯

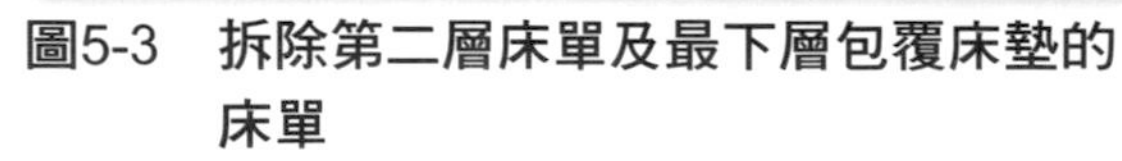
圖5-3　拆除第二層床單及最下層包覆床墊的床單

圖5-4　拆除枕頭套

圖5-5 拆除保潔墊

圖5-6 收集布巾待送洗

(二)床鋪鋪設羽絨被的布巾拆除方式

◆拆除羽絨被的被套

先將羽絨被自被套內取出（**圖5-7**），將拆下的被套暫置於床墊上待送洗。

◆摺疊羽絨被

1. 站在床鋪側邊，將羽絨被先攤平整後，再將羽絨被近端提起往後拉（**圖5-8a**）。
2. 將羽絨被拉起後，往前摺約三分之一等份後，再朝前對摺成長條狀（**圖5-8b**）。

圖5-7 拆除羽絨被的被套

3.將長條狀的羽絨被由左側往右摺三分之一等份（**圖5-8c**）。

4.再將羽絨被的右側往左摺入開口內（**圖5-8d**）。

5.將羽絨被摺疊平整，即完成摺疊工作（**圖5-8e**）。

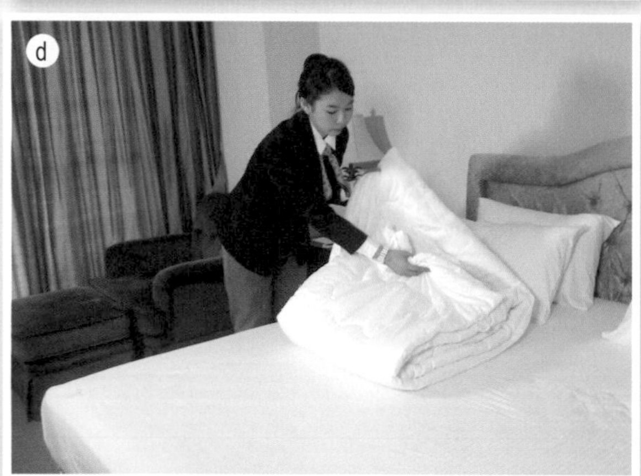

圖5-8　摺疊羽絨被

羽絨被摺疊平整後，可暫放於衣櫃或其他適當的位置，以利後續其他布巾之拆卸工作。

◆拆除枕頭套及床單

將枕頭自枕頭套內取出（**圖5-9a**），卸下的枕頭套暫置床墊上，再將枕頭置於衣櫃或其他適當的位置，然後將包覆床墊的床單拆除（**圖5-9b**）後，暫置於床墊上。

◆拆除汙損保潔墊

先將保潔墊固定在床墊下四角的鬆緊帶逐一往上拉開（**圖5-10**），再將保潔墊拆除送洗。

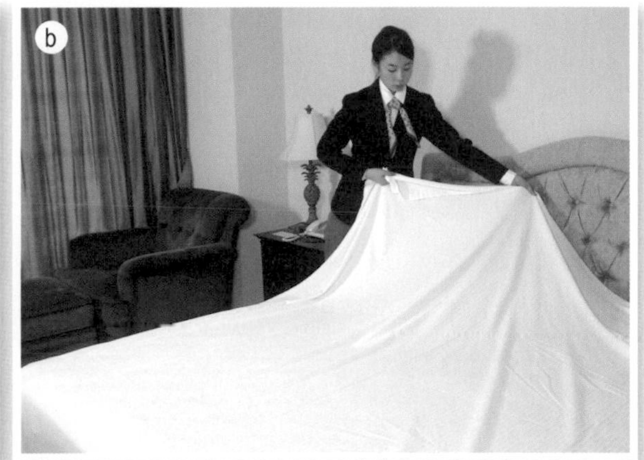

圖5-9　拆除枕頭套及床單

圖5-10　拆除汙損保潔墊

◆收集布巾待送洗

將卸下的保潔墊及前面所拆除的髒布巾，一併置放在布巾車或房務工作車布巾袋內待送洗。

二、拆除床鋪布巾應注意的事項

1.拆除布巾後的枕頭、毛毯或羽絨被，須放置在客房適當的位置，如衣櫃，唯不可任置於床墊上或地板上。
2.拆除下來的布巾，不可作為擦拭客房家具或設備之抹布使用。
3.毛毯及羽絨被，須先依規定摺疊平整，不可任意堆置。

第二節　單人床鋪設作業

房務員在進行客房清潔維護作業之前，必須瞭解旅館提供給房客使用的單人床基本備品，再依所需備品予以整理、分類置於房務工作車上，以利作業之執行。本單元將就一般旅館常見的「以床單包覆毛毯」的單人床鋪設作業，予以詳加介紹。

一、準備布巾備品

以床單包覆毛毯的單人床鋪設作業方式，每一張單人床其所需布巾備品計有：毛毯、保潔墊及床罩各一條（**圖5-11a、b、c**）；枕頭套兩個（**圖5-11d**）；床單三條（**圖5-11e**）。

二、單人床鋪設作業流程

單人床以床單包覆毛毯的鋪設作業，其流程如**圖5-12**所示。

三、單人床鋪設作業的步驟及要領

單人床以床單包覆毛毯的鋪設作業方式，其步驟及要領，依序說明如下：

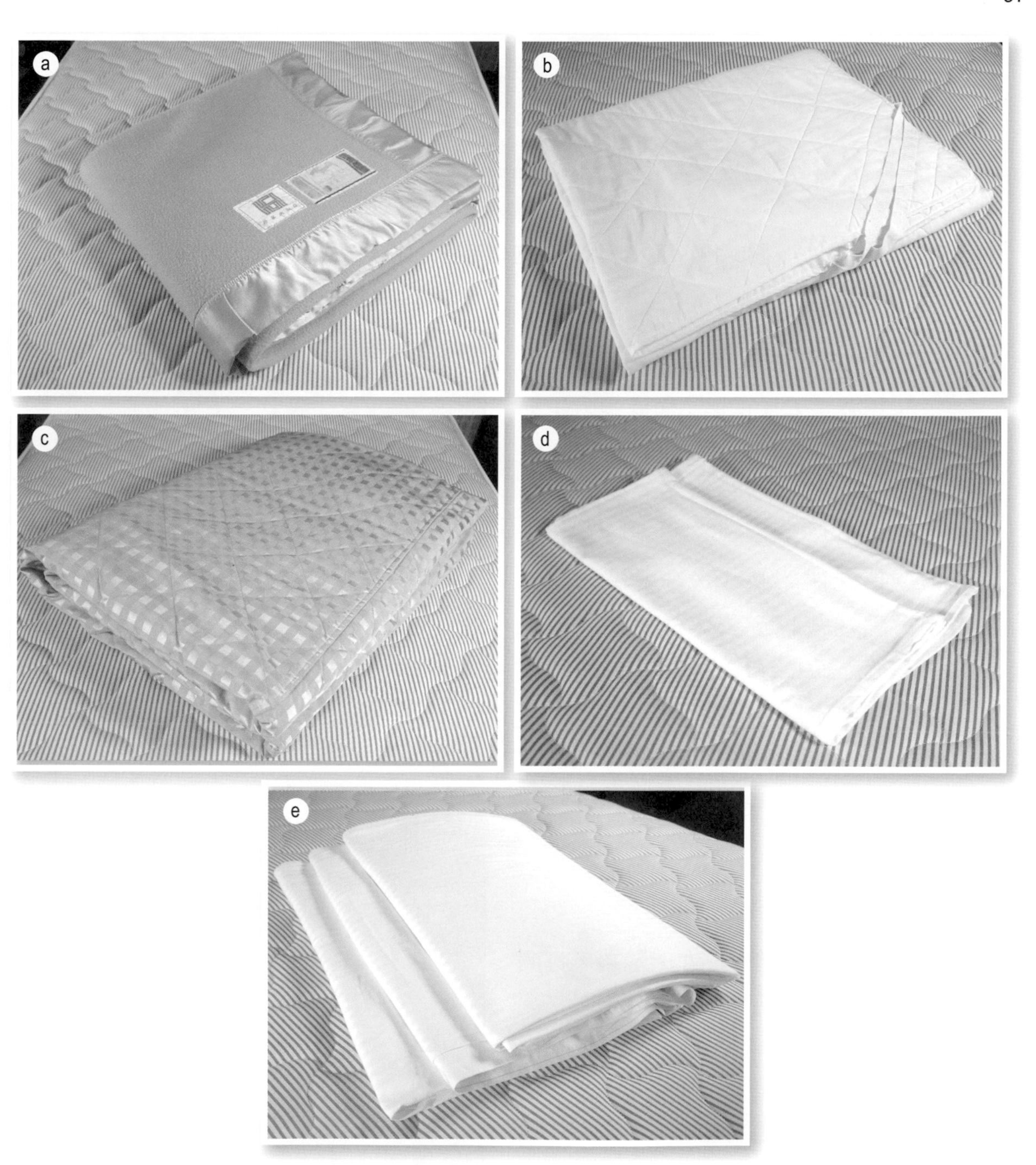

圖5-11　以床單包覆毛毯的單人床鋪設作業所需備品

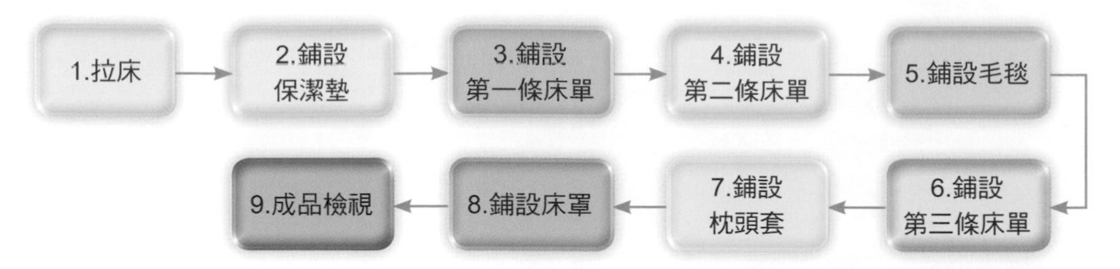

圖5-12　單人床以床單包覆毛毯的鋪床作業流程

(一)拉床

1.房務員在床尾處，屈膝蹲下，勿使膝蓋碰觸地上，並以雙手將床下墊或床板架稍往上抬起（**圖5-13a**）。

2.抬起床下墊或床板架後，即順勢往後拉，將床拉離床頭板約45～50公分之間距，再將床下墊或床板架輕輕放下，此拉床的步驟即告完成。唯不可僅拉床墊（**圖5-13b**），以免後續鋪設作業不便。

(二)鋪設保潔墊

1.拿取保潔墊，站在床尾端，打開保潔墊檢視（**圖5-14a**）。

2.將保潔墊一端用力朝床頭拋出（**圖5-14b**）。

3.將保潔墊尾端在床墊上先稍加攤平整，並使保潔墊縫有鬆緊帶的一面朝下（**圖5-14c**），然後將保潔墊尾端兩角的鬆緊帶套在床尾床墊兩角下面（**圖5-14d**）。

圖5-13　拉床

註：圖5-13至圖5-22由景文科技大學旅館管理系協助拍攝

4.房務員再走到床頭處，將保潔墊另一端拉平整（**圖5-14e**）。

5.再將床頭處的保潔墊兩角鬆緊帶往下拉，並使其套在床頭床墊兩角下面（**圖5-14f**）。

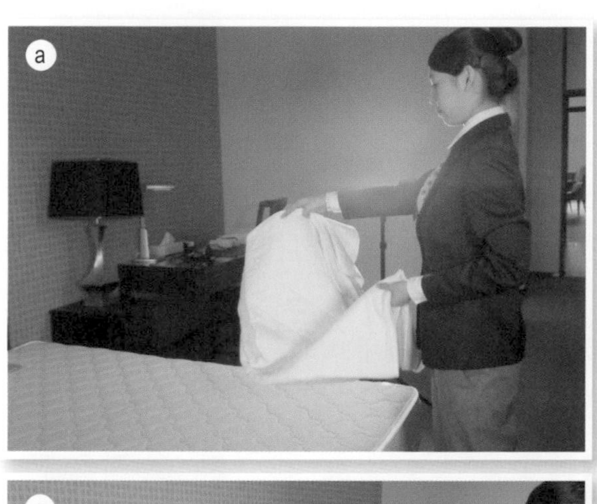

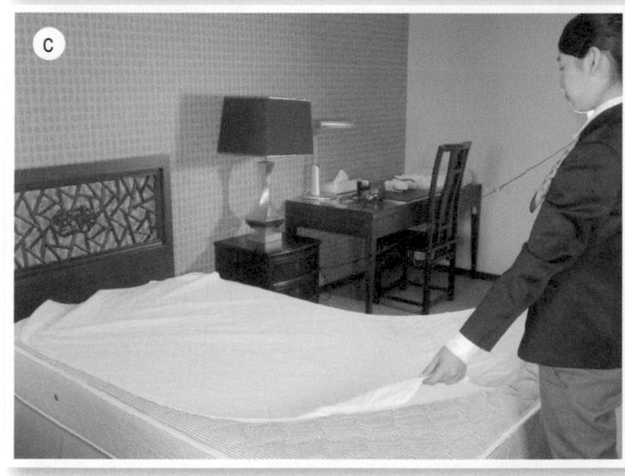

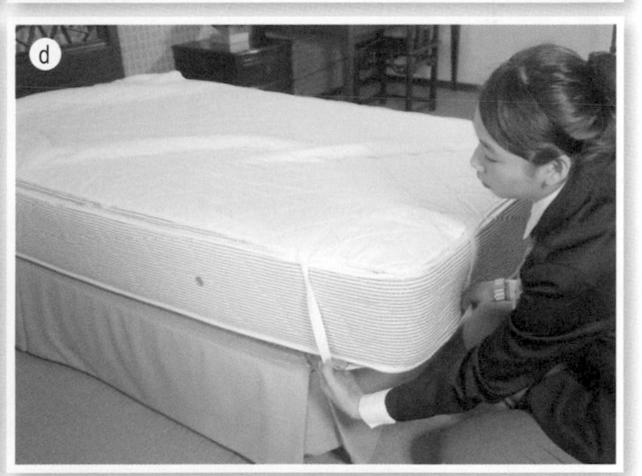

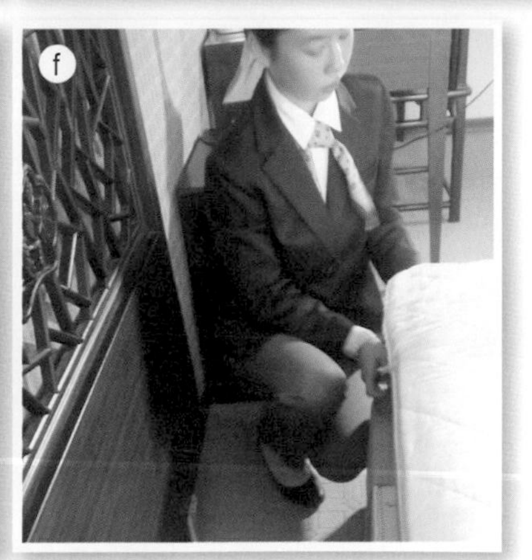

圖5-14　鋪設保潔墊

6.保潔墊鋪設完成，須再檢視四角鬆緊帶是否確實套好，是否鋪設平整美觀，此項工作即告完成。

(三)鋪設第一條床單

1.拿取床單，站在床尾準備鋪設第一條床單（圖5-15a）。
2.檢視床單正面要朝上（即床單摺邊縫製面為反面須朝下）（圖5-15b）。
3.將床單一端，朝床頭方向用力拋出（圖5-15c）。
4.將床尾近端床單以雙手予以攤開拉平（圖5-15d），再往下拉使床單下襬自床尾端垂下（圖5-15e）。
5.房務員再走到床頭，將床頭處的另一端床單以雙手拿取再攤開，並調整

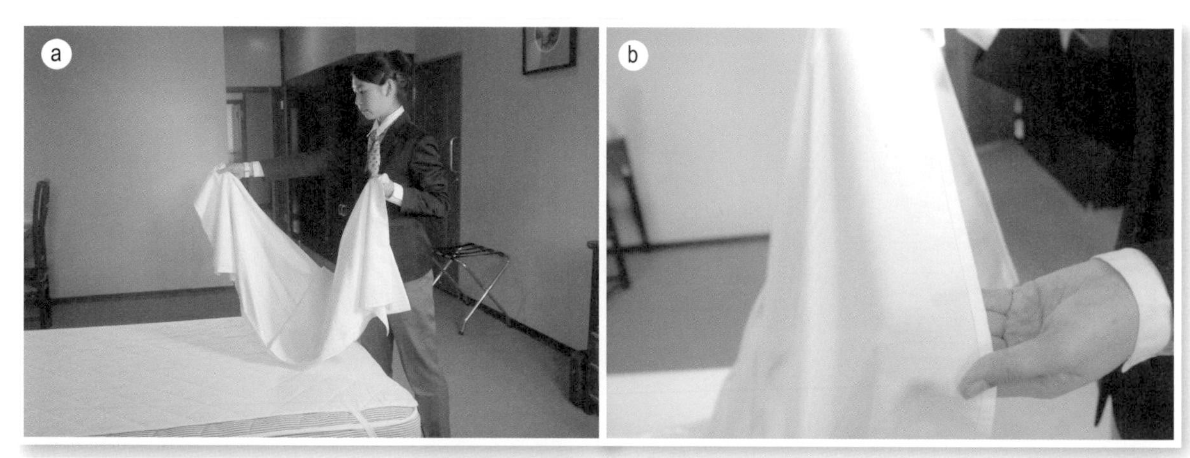

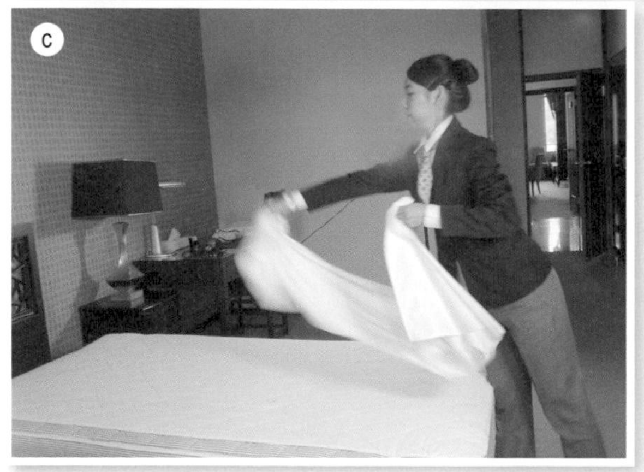

圖5-15 鋪設第一條床單

床單使床單中心線與床鋪中心線對齊，並使四周布巾下垂長度均等（**圖5-15f**）。

6.將床單以手刀方式，在床墊四個床角做角，其作業要領為：

(1)先以一手將床墊稍加抬起，再以另一手採手刀的方式，沿床墊側邊，將下垂的床單下襬塞入床墊下 面（**圖5-15g**）。

(2)再將床角另一邊尚未塞入床墊下方的床單下襬順勢拉平（**圖5-15h**），再往下摺成直角後，以手刀將床單下襬塞入床墊，即完成一個床角（**圖5-15i**）。

(3)依前述做角要領，依序完成其他三個床角的布巾做角。

(4)摺好四個床角後，經檢視無誤（**圖5-15j**），即告完成。

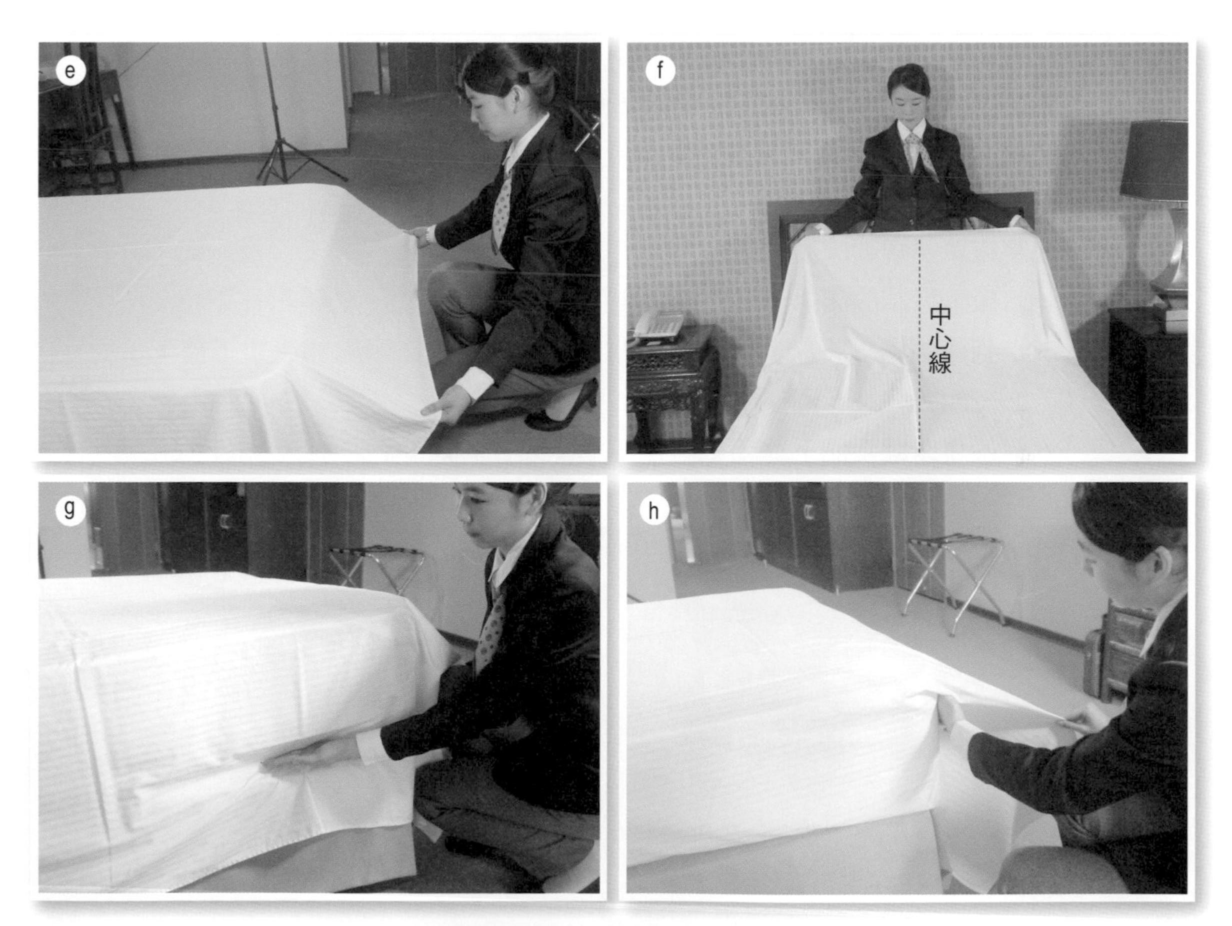

（續）圖5-15　鋪設第一條床單

（續）圖5-15　鋪設第一條床單

(四)鋪設第二條床單

1.首先拿取床單，並站在床尾端準備鋪設床單（**圖5-16a**）。
2.攤開床單並檢視，務使床單反面（即床單摺有布邊的縫製面）須朝上（**圖5-16b**）。
3.將床單一端朝床頭方向用力拋出（**圖5-16c**）。
4.將床尾近端的床單，以雙手攤開拉平（**圖5-16d**），然後再往下拉。
5.走到床頭處，將床單以雙手攤開拉平整，並使床頭處的床單下襬下垂約25～30公分長（**圖5-16e**）。
6.經檢視床鋪兩側下垂床單均等長後，此項作業即完成。

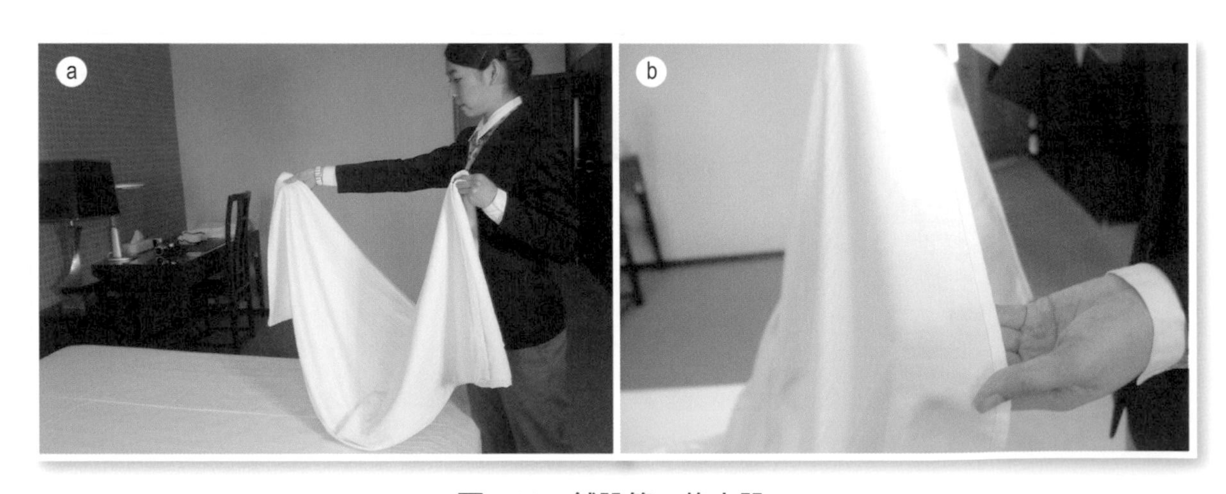

圖5-16　鋪設第二條床單

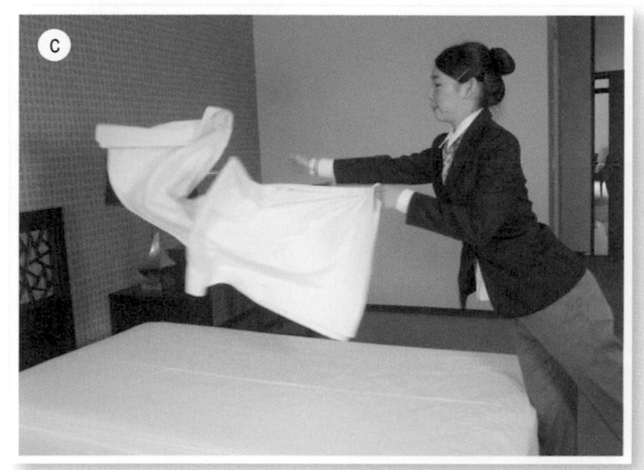

（續）圖5-16　鋪設第二條床單

(五)鋪設毛毯

1.拿取毛毯，並站在床尾準備。

2.確認毛毯正面要朝上（有標誌者）（**圖5-17a**）。

3.將毛毯往床頭處用力拋出（**圖5-17b**）。

4.將床尾端之毛毯以雙手將其攤平整（**圖5-17c**）。

5.走到床頭，將床頭端的毛毯攤平並加以調整（**圖5-17d**），使床頭的毛毯與床頭切齊（**圖5-17e**），並使毛毯的中心線與床鋪中心線能對齊。

6.經檢視無誤後，此步驟即告完成。

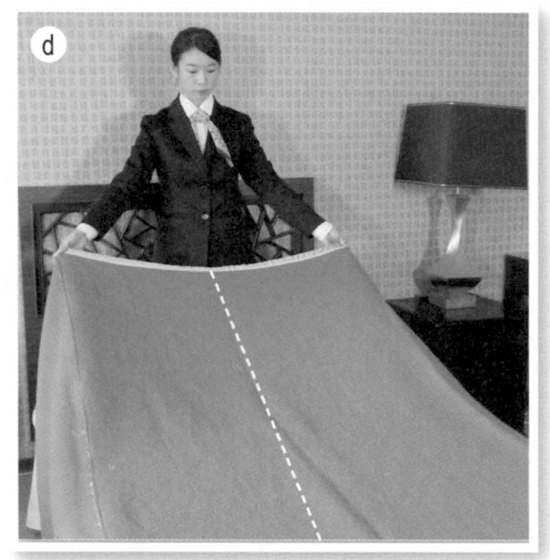

圖5-17　鋪設毛毯

(六)鋪設第三條床單

1.拿取床單，站在床尾端，準備鋪設第三條床單。

2.檢視床單，正面要朝上（**圖5-18a**）。

3.將床單一端朝床頭方向用力拋出（**圖5-18b**）。

4.將床尾近端床單，以雙手攤開拉平，再順勢往下拉，使床單下襬垂下（**圖5-18c**）。

5.走到床頭，將床頭端的床單以雙手攤開拉平，並調整床單（**圖5-18d**），使床單中心線對齊床鋪中心線，以使床頭的床單與床頭邊切齊（**圖5-18e**），並使床鋪左右兩側床單下垂等長（**圖5-18f**）。

6.將床頭端下垂的第二條床單下襬拉起（**圖5-18g**），再朝床尾方向反

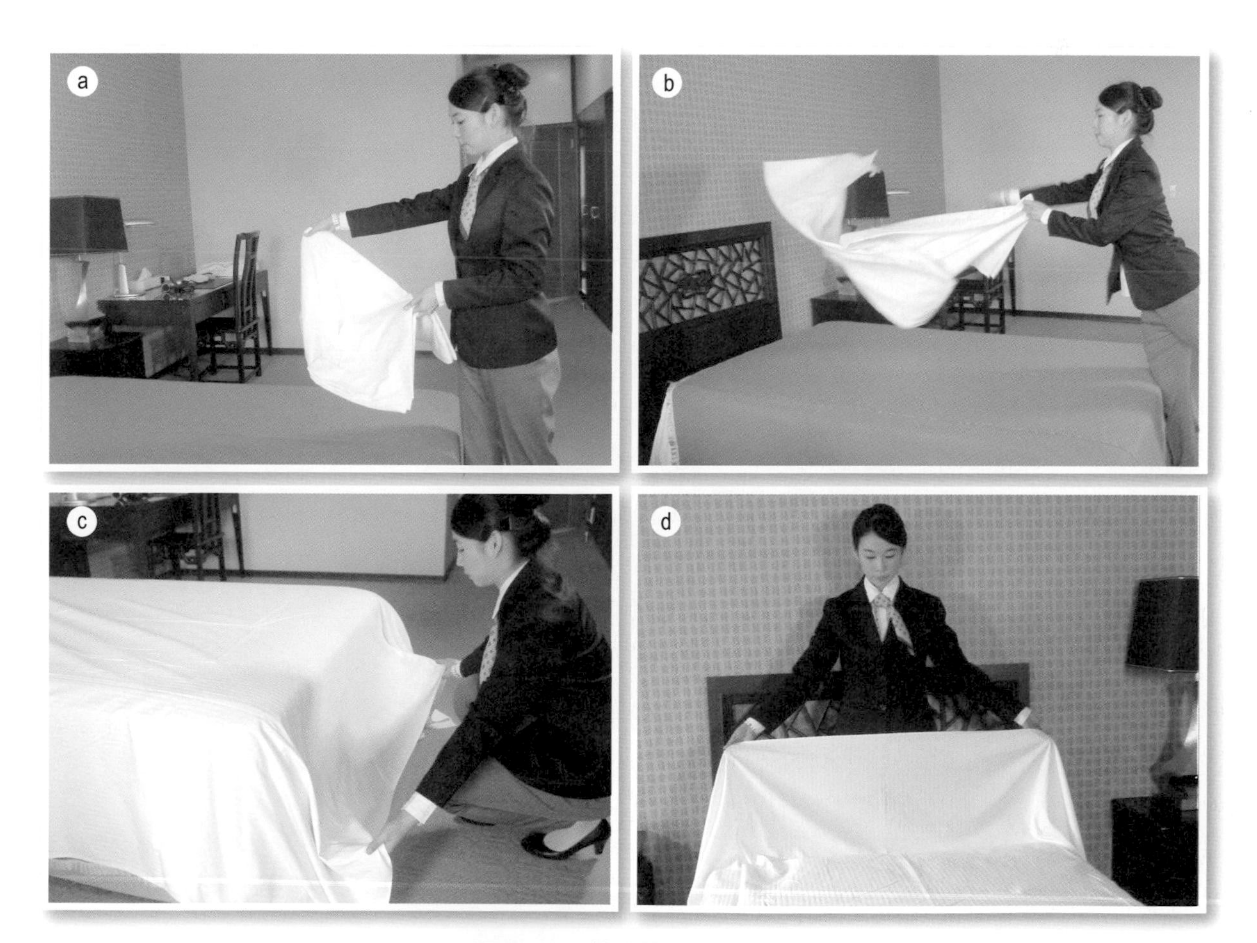

圖5-18　鋪設第三條床單

摺，覆蓋在床鋪第三條床單上，並使摺線與床頭切齊（**圖5-18h**），同時整理平整。

7.依前述步驟，將床頭床單拉起，再以同寬度反摺一次（**圖5-18i**）。

8.將經反摺的床單左側，先予以平整成床襟（**圖5-18j**），再將反摺的床單右側，予以整理平整美觀（**圖5-18k**）。

9.將一側的床單，以手刀將床單下襬塞入床墊下面（**圖5-18l**），然後再以手刀將另一側床單下襬塞入床墊下面（**圖5-18m**）。

10.以手刀將床側的床單全部塞入床墊下面，並準備摺床角。其作業要領為：

(1)先以一手抬起床墊，再以另一手採手刀法，沿床墊側邊，將床單垂下的部分塞入床墊下面（**圖5-18n**）。

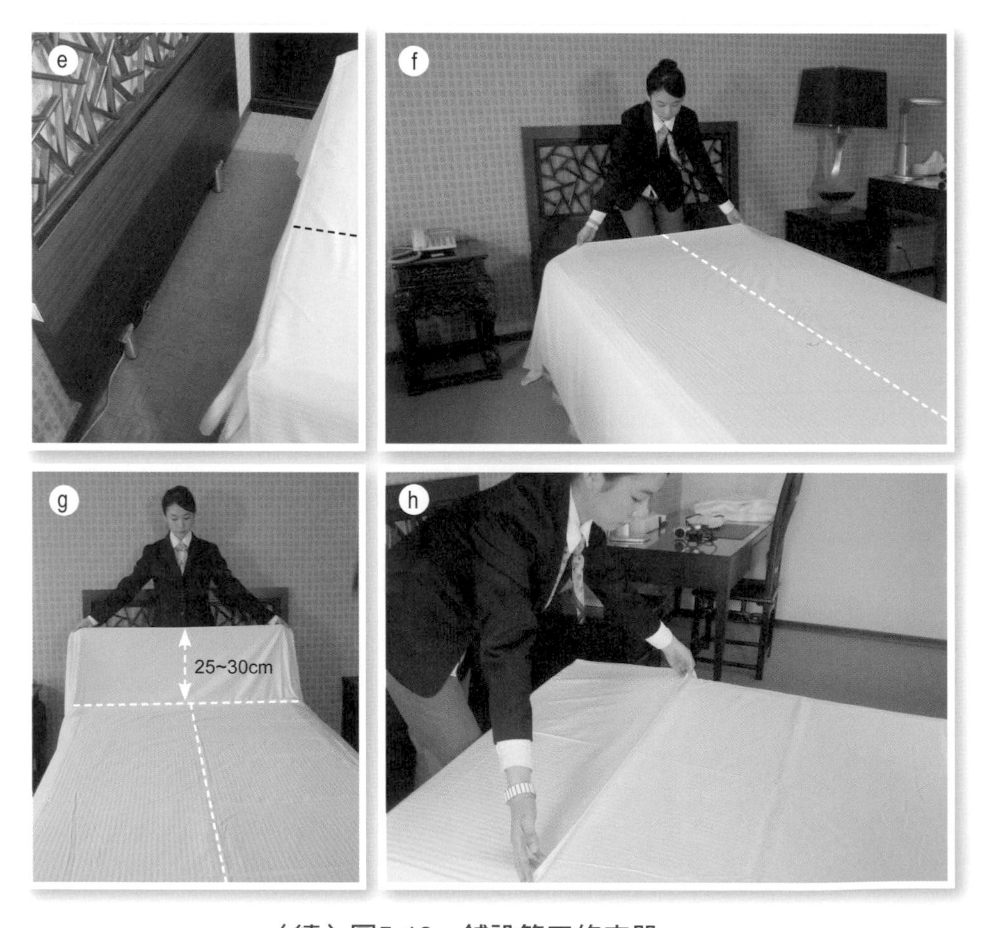

（續）圖5-18　鋪設第三條床單

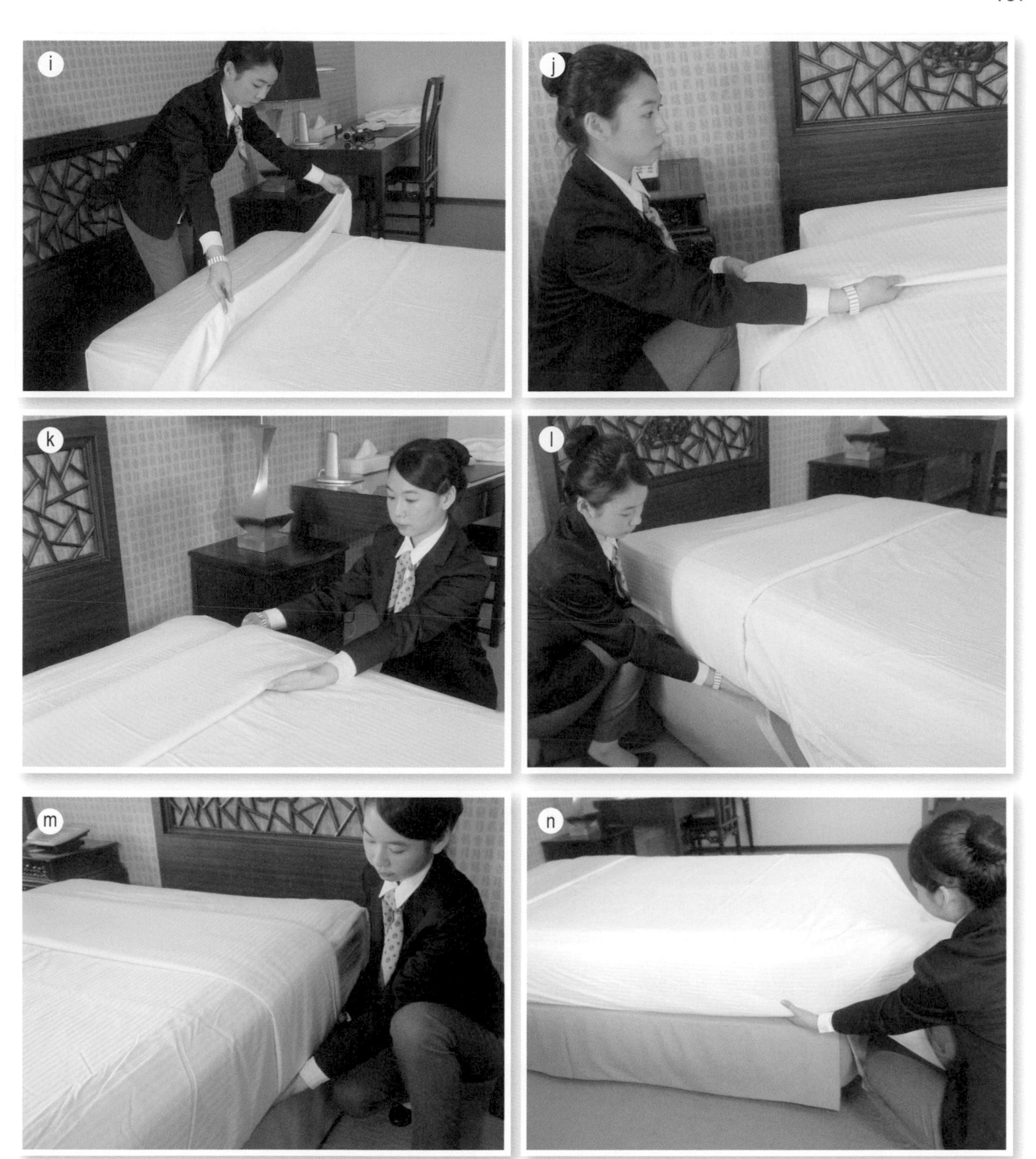

（續）圖5-18　鋪設第三條床單

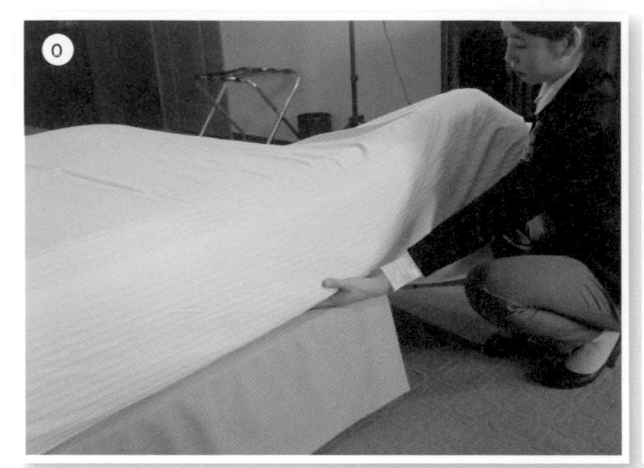

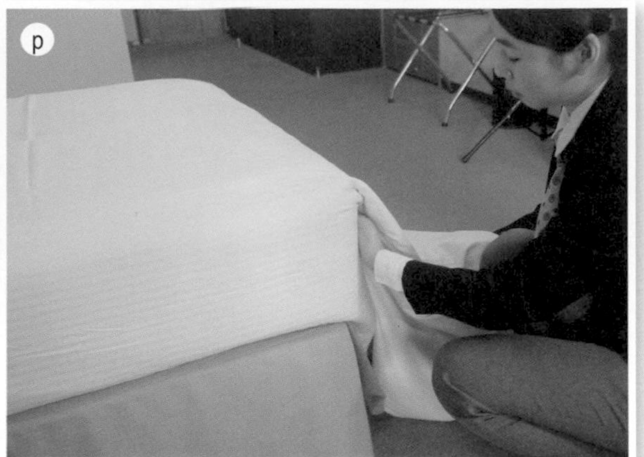

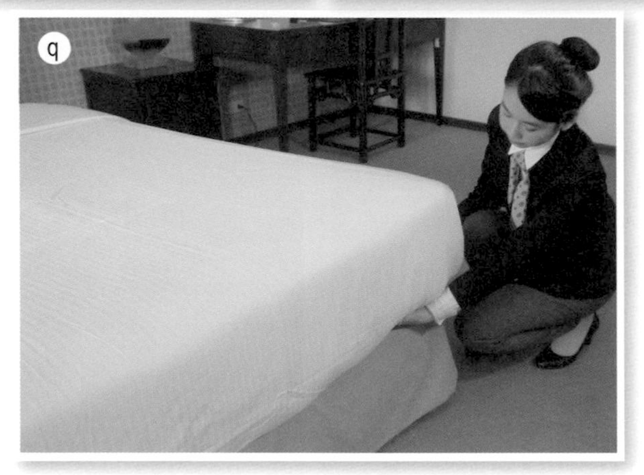

（續）圖5-18　鋪設第三條床單

(2)再將床角端尚未塞入的床單下襬拉平（**圖5-18o**），然後順勢往下摺成直角（**圖5-18p**），再以手刀將床單下襬塞入床墊下面，即完成一個床角的做角步驟。

(3)依前述床角做角的要領，依序完成其他三個床角的布巾做角步驟（**圖5-18q**），經檢視無誤即完成此項工作。

(七)鋪設枕頭套

1.拿取枕頭兩個（軟枕與硬枕各一個）及枕頭套兩個，置於床鋪上面（**圖5-19a**）。

2.先取枕頭一個，並以手肘壓在枕頭中央上方位置（**圖5-19b**），然後再對摺（**圖5-19c**），將枕頭前端塞入另一手拿取的枕套內（**圖5-19d**）。

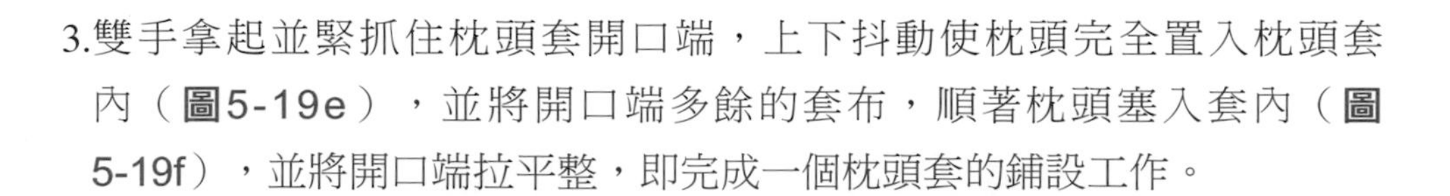

3.雙手拿起並緊抓住枕頭套開口端，上下抖動使枕頭完全置入枕頭套內（**圖5-19e**），並將開口端多餘的套布，順著枕頭塞入套內（**圖5-19f**），並將開口端拉平整，即完成一個枕頭套的鋪設工作。

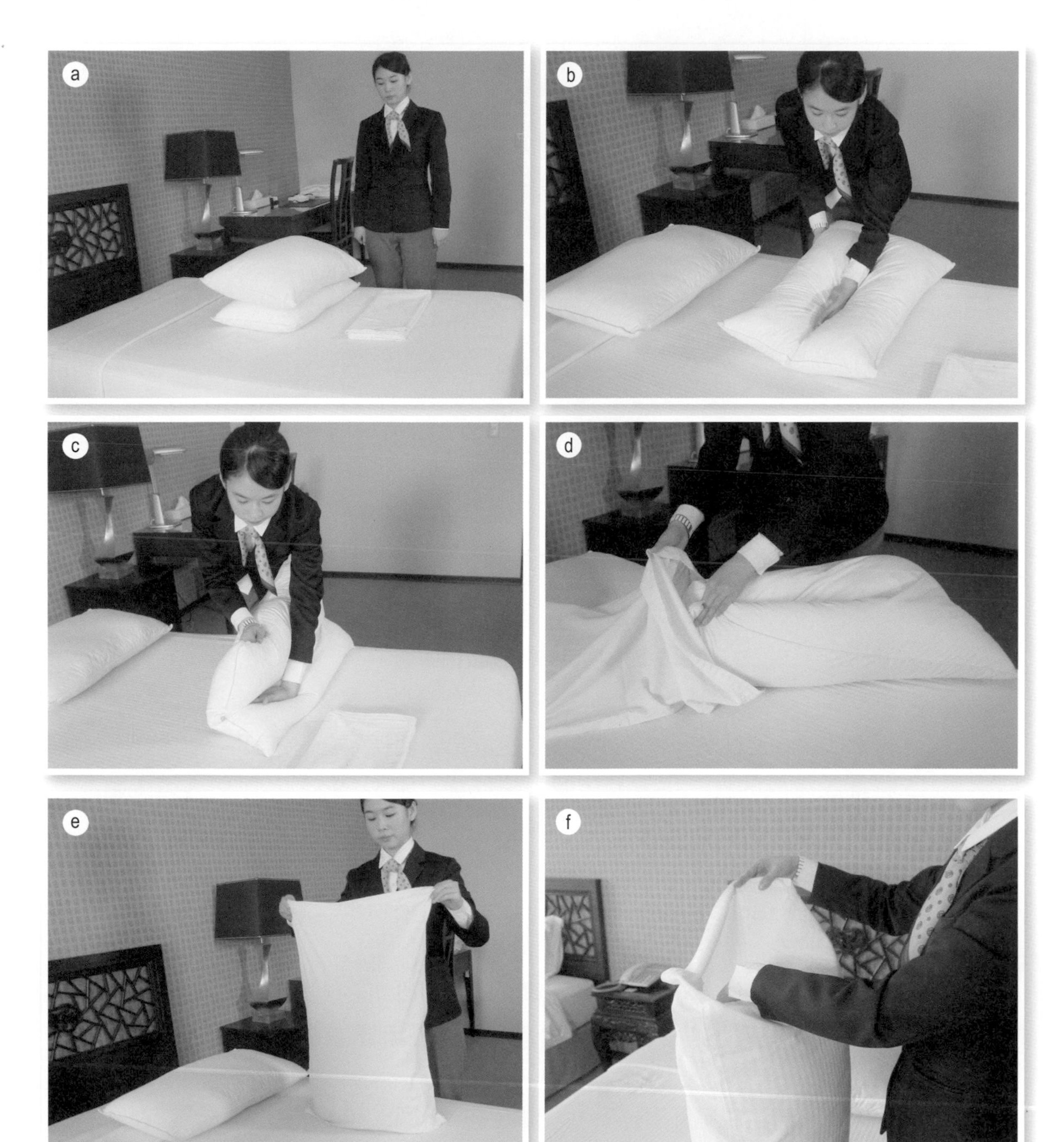

圖5-19　鋪設枕頭套

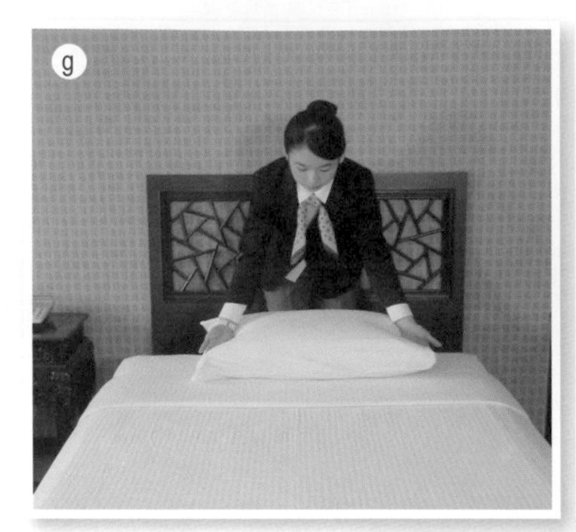

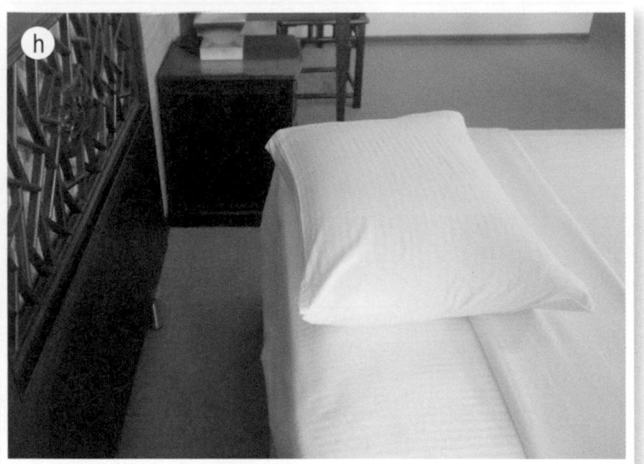

（續）圖5-19　鋪設枕頭套

4.再拿取另一個枕頭，依上述要領，完成另一個枕頭套之鋪設。

5.將鋪設完成的枕頭平置於床頭中央位置（**圖5-19g**），並使其與床頭切齊（**圖5-19h**），硬枕（標準枕）在下，軟枕在上，陳列整齊（**圖5-19i**），即完成枕頭套鋪設作業。

(八)鋪設床罩

1.拿取床罩，置放在床尾中心線右側，床罩開口朝右（**圖5-20a**）。

2.將床罩朝左邊攤開（**圖5-20b**），之後將床罩左邊再朝左攤開（**圖5-20c**），床罩右邊也全部攤開。

3.將床罩上層往床尾反摺拉下，以覆蓋床尾（**圖5-20d**）。

4.站在床側將床罩朝床頭方向拉（**圖5-20e**），再走到床頭端，將床罩朝床頭處拉至枕頭上方（**圖5-20f**），再朝床尾反摺，並在床側將硬枕壓在床罩反摺面上約5～10公分，以便摺出第一道枕線（**圖5-20g**）。

5.再將反摺床單掀起，並拉至枕頭上方（**圖5-20h**），再朝床尾反摺一次，將軟枕壓在床頭端反摺面上約5～10公分（**圖5-20i**），以利理出第二道枕線。

6.站在床頭端，將床罩朝床頭方向拉起（**圖5-20j**），直到完全覆蓋枕頭為止（**圖5-20k**）。

7.用手刀方式，雙手並用，在硬枕下方，先理順第一道枕線（**圖5-20l**），然後在軟硬枕間，再以手刀由內往外理順第二道枕線。

8.以手刀及手臂，將枕頭內的空氣壓擠出來，並加修飾平整（**圖5-20m**）。

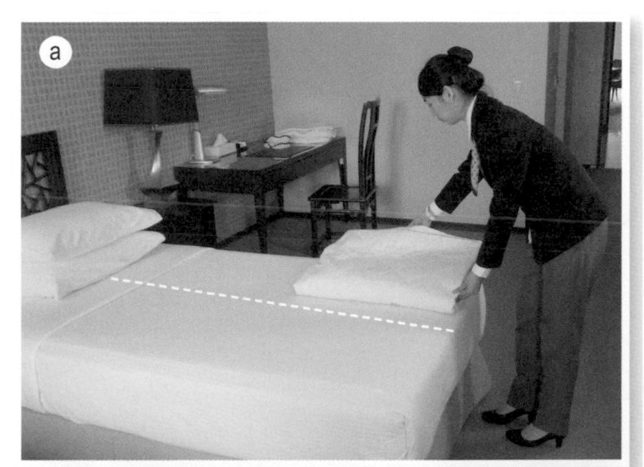

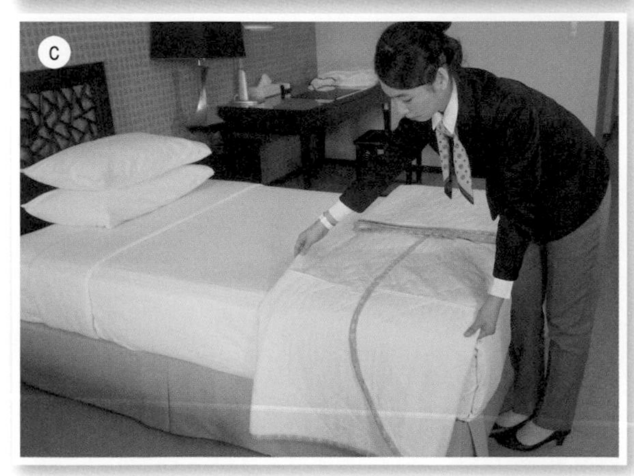

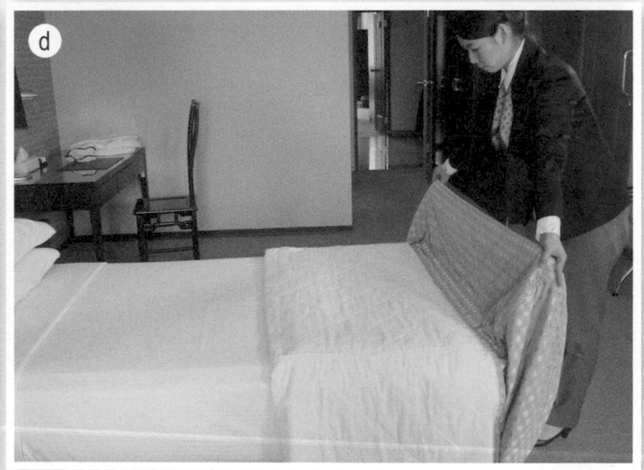

圖5-20　鋪設床罩

9.將床頭端床罩兩側布巾修飾平整（**圖5-20n**）。

10.在床尾端，以蹲姿將床鋪朝床頭推回定位（**圖5-20o**）。

11.將床尾端兩側床罩修飾整齊美觀（**圖5-20p**），即完成床罩鋪設。

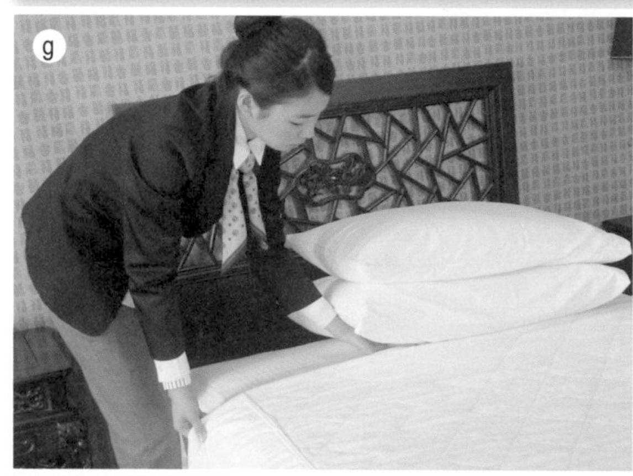

（續）圖5-20　鋪設床罩

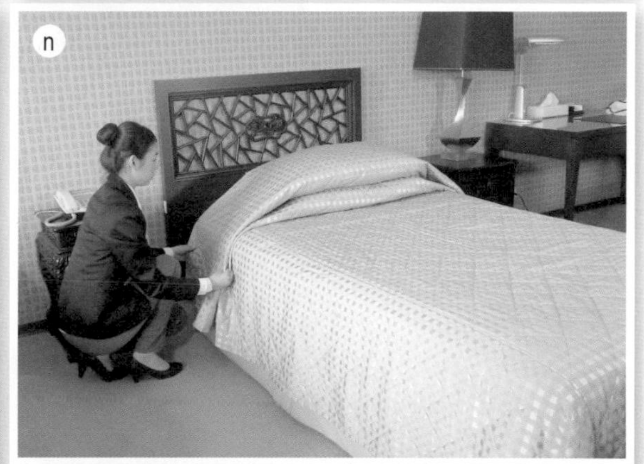

（續）圖5-20　鋪設床罩

(九)成品檢視

單人床鋪設完成後，須再詳加檢視，經確認無誤，始告完成（**圖5-21**）。

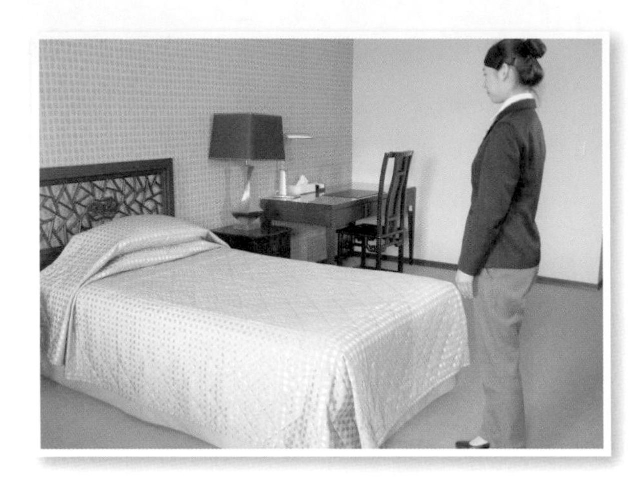

圖5-21　成品檢視

第三節　雙人床鋪設作業

雙人床的鋪設作業，其要領與單人床一樣，唯其床型及所使用的布巾尺寸均較大而已，本單元以鋪設羽絨被的方式來介紹雙人床的鋪設作業。

一、準備布巾備品

一張鋪設羽絨被的雙人床，其所需布巾備品計有：保潔墊、床單、羽絨被、被套及床罩等各一條（**圖5-22a、b、c、d、e**），另外須備枕頭套四個（**圖5-22f**）。

二、雙人床鋪設作業流程

雙人床以鋪設羽絨被的方式做床，其作業流程如**圖5-23**。

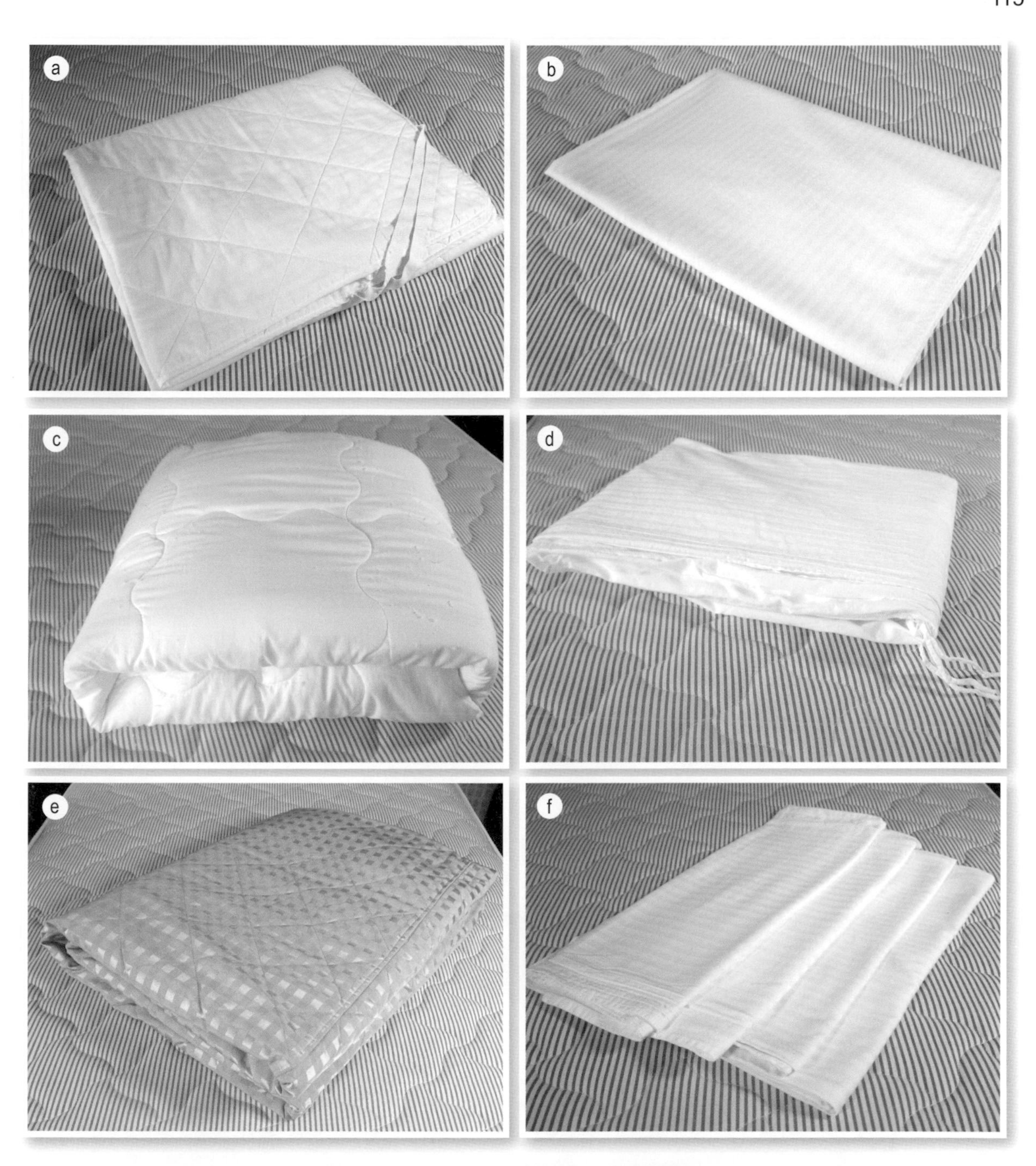

圖5-22　鋪設羽絨被的雙人床所需備品

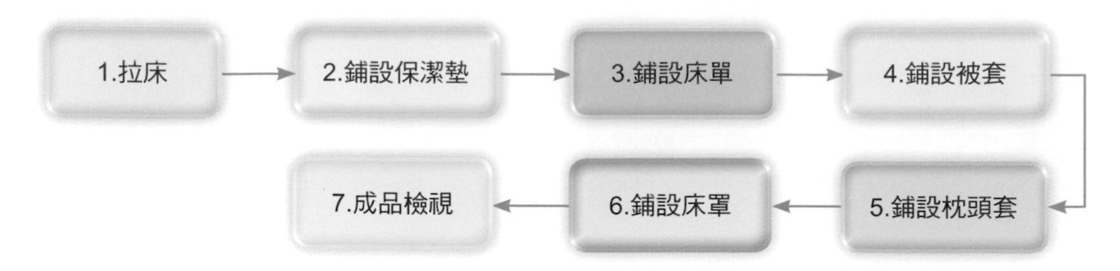

圖5-23　雙人床鋪設羽絨被的作業流程

三、雙人床鋪設作業的步驟及要領

雙人床以羽絨被鋪設方式，其作業要領及步驟，依序說明如下：

(一)拉床

1.在床尾端屈膝蹲下，膝蓋勿著地，以雙手將床下墊或床板架稍往上抬起（圖5-24a）。

2.雙手抬起床板架或下床墊後，即往後仰順勢往後拉。使床鋪離床頭板約45～50公分的間距（圖5-24b）即可，再將床板架或床下墊輕輕放下，即完成此拉床的步驟。

(二)鋪設保潔墊

1.拿取保潔墊，站在床尾端，雙手打開保潔墊檢視。

圖5-24　拉床

註：圖5-24至圖5-29由景文科技大學旅館管理系協助拍攝

2.將保潔墊打開後，將保潔墊一端朝床頭方向準備拋出（**圖5-25a**）。

3.將保潔墊一端朝床頭方向拋出（**圖5-25b**）。

4.將保潔墊稍加攤平，並使保潔墊縫有鬆緊帶的一面朝下。

5.將保潔墊尾端兩角的鬆緊帶先套在床尾床墊的左右兩角下面（**圖5-25c**），以固定之。

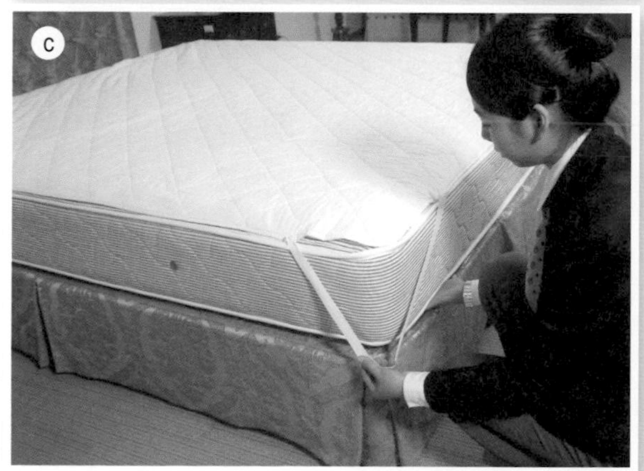

圖5-25　鋪設保潔墊

6.再走到床頭處，將保潔墊拉起攤平整（圖5-25d）。

7.將床頭處的保潔墊兩端鬆緊帶，予以分別套在床墊兩角下面固定之。

8.保潔墊四角鬆緊帶均套牢後，再檢視床鋪上所鋪設的保潔墊是否平整（圖5-25e），確認無誤後，此步驟即完成。

(三)鋪設床單

1.拿取床單，站在床尾端，準備鋪設床單。

2.檢視床單，正面朝上（床單摺邊縫製面為反面）（圖5-26a）。

3.將床單一端朝床頭方向用力拋出（圖5-26b）。

4.將床單以雙手攤開拉平整（圖5-26c），然後再將床單往下拉約40公分的長度即可（圖5-26d）。

5.走到床頭處，以雙手將床頭端的床單攤平並調整（圖5-26e），使床單中心線與床鋪中心線對齊，並使床鋪四周床單下垂的布巾等長。

6.以手刀在床墊四個床角來做角。其作業要領為：

(1)先以一手將床墊稍加抬起，再以另一手採手刀的方式，沿床墊側邊，將下垂的床單下襬予以塞入床墊下面（圖5-26f）。

(2)將床角端，尚未塞入床墊的床單下襬予以垂直拉平（圖5-26g），然後再往下摺成直角狀（圖5-26h），再以手刀將床單下襬塞入床墊下面，並稍加修整美觀，即完成一個床角的做角。

(3)依前述床角的做角要領，再依序完成其餘三個床角的做角作業（圖5-26i）。

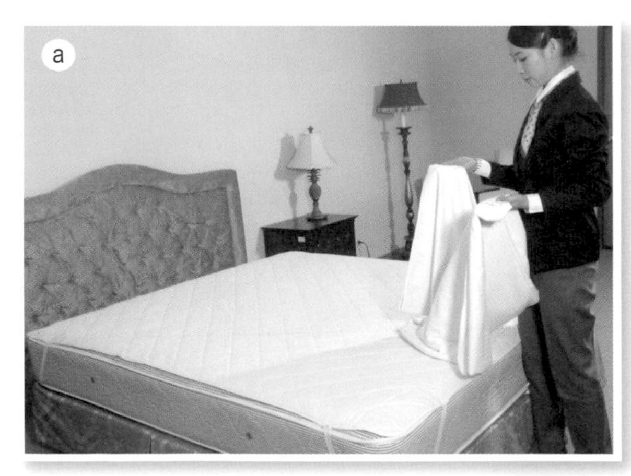

圖5-26　鋪設床單

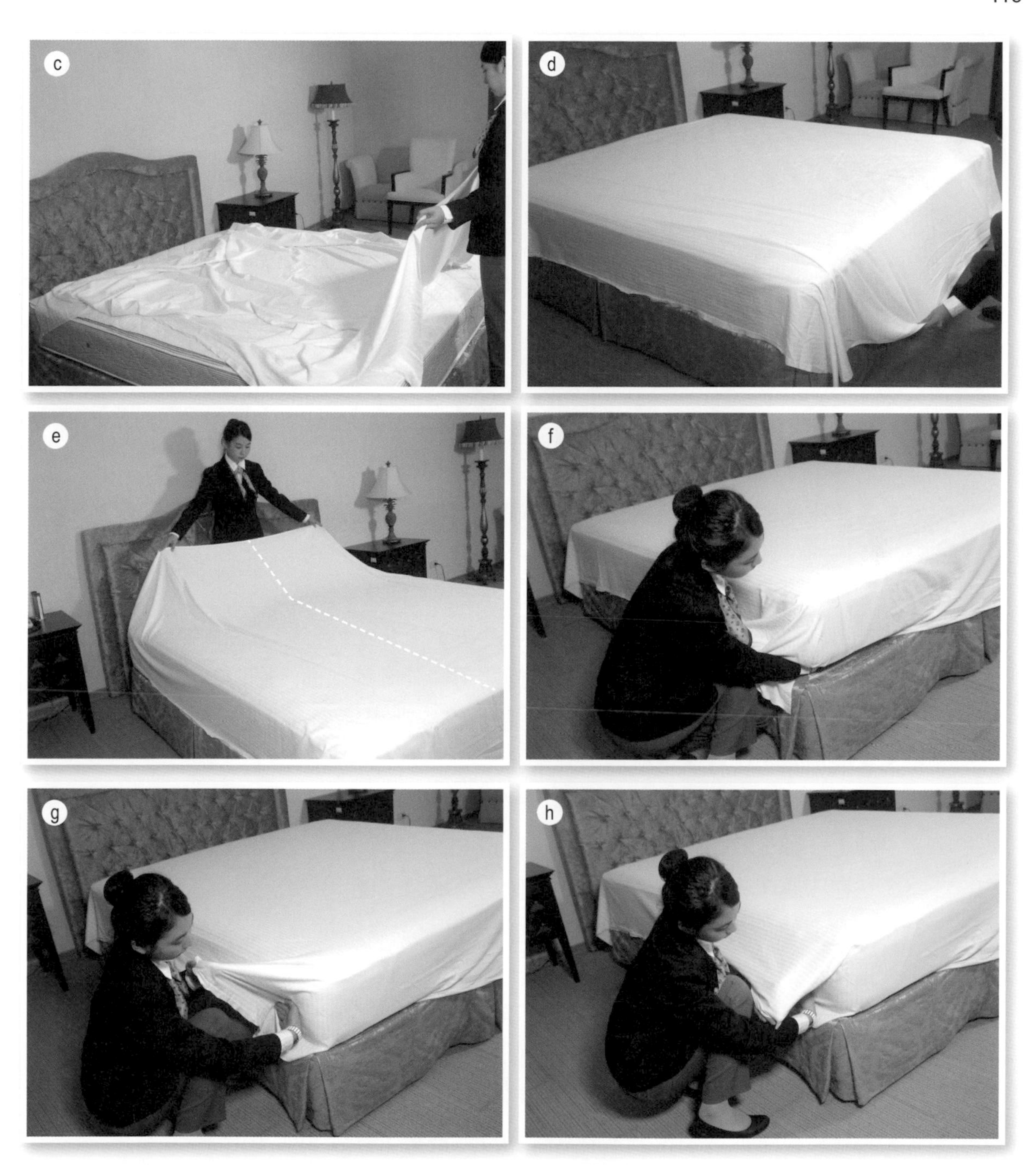

（續）圖5-26　鋪設床單

（續）圖5-26　鋪設床單

7.四個床角的做角作業完成後，須再檢視是否正確美觀（圖5-26j），經確認無誤，此步驟即大功告成。

(四)鋪設被套

1.拿取羽絨被站在床尾，將羽絨被攤開平鋪於床鋪上面（圖5-27a）。
2.將床頭端的羽絨被朝床尾方向對摺（圖5-27b）。
3.拿取被套，站在床尾檢視被套。
4.將被套末端（開口端）朝床頭方向拋出（圖5-27c），並使其平鋪於床鋪上（圖5-27d）。
5.站在床尾，先找出被套前端的右側角落缺口（圖5-27e）。
6.以右手伸入右缺口內（圖5-27f），並以左手協助拉上右側被套，直到右手從被套右側末端（開口端）伸出手為止（圖5-27g）。
7.然後再找出被套前端左側角落缺口，並將左手自左缺口伸入（圖5-27h），再以右手協助拉上左側被套，直到左手從被套左側末端開口伸出手為止（圖5-27i）。
8.為便於以手抓取羽絨被，將其順利置入被套，其要領如下：
(1)先將左手穿入右手的右側被套並伸出手（圖5-27j）後，再將右手自右側被套中抽出（圖5-27k）。
(2)以右手抓取上層羽絨被的右角，並交給左手緊握（圖5-27l）。
(3)左手將抓取的羽絨被右角，自被套右側角落缺口抽出，同時右手協助

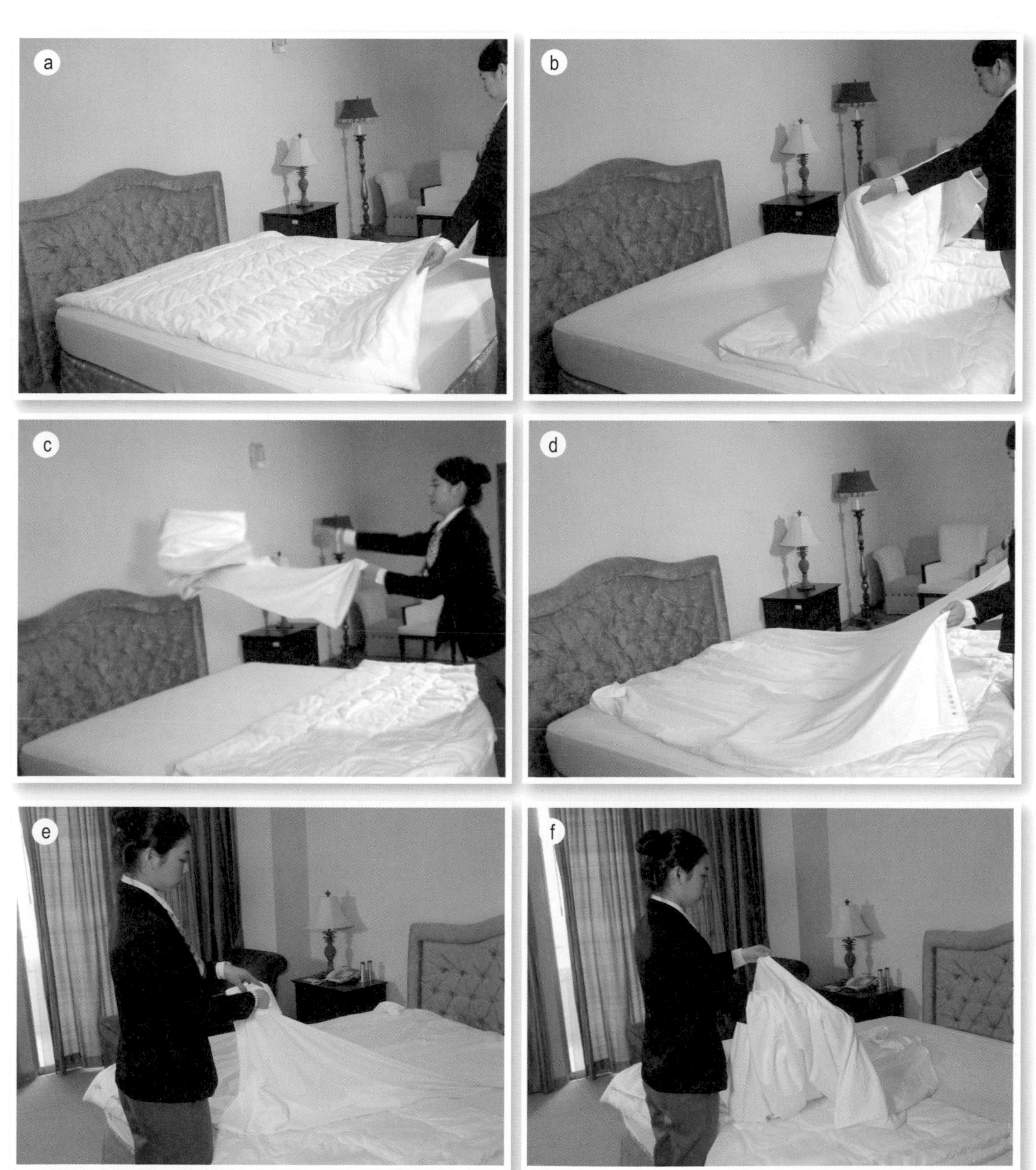

圖5-27 鋪設被套

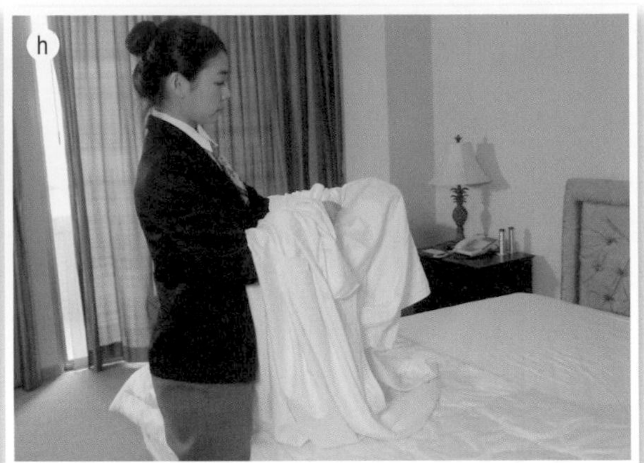

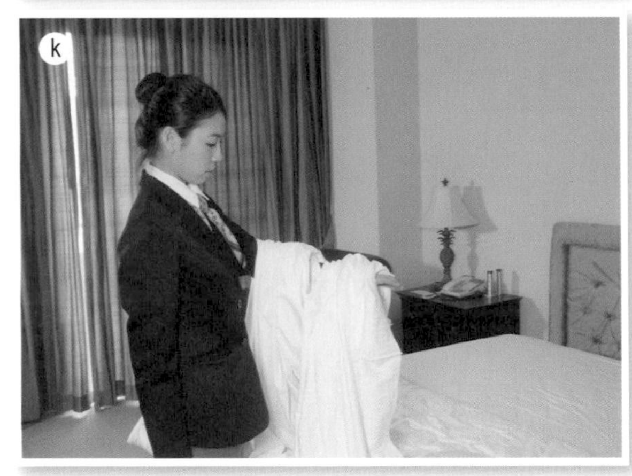

（續）圖5-27　鋪設被套

將被套拉下（**圖5-27m**）。

(4)左手將拉出的羽絨被右角交給右手，同時左手也順勢抓取上層羽絨被的左角，由被套左側角落缺口抽出（**圖5-27n**）。

9.將上層羽絨被朝床頭攤開，並站在床頭抓取羽絨被左右兩角（**圖5-27o**），並朝床尾甩動，使被套完全包覆妥羽絨被為止（**圖5-27p**）。

10.將床頭處羽絨被套左右兩側角落缺口內的綁帶綁緊羽絨被的左右兩角（**圖5-27q**），以防被套鬆脫或滑落。

11.走回床尾，將羽絨被往下拉，使羽絨被前端床頭處有適當的間距，可供擺放枕頭（**圖5-27r**）。

12.最後再將羽絨被的被套下襬向內反摺收尾（**圖5-27s**），並調整撫平順，即告完成此被套鋪設的工作項目。

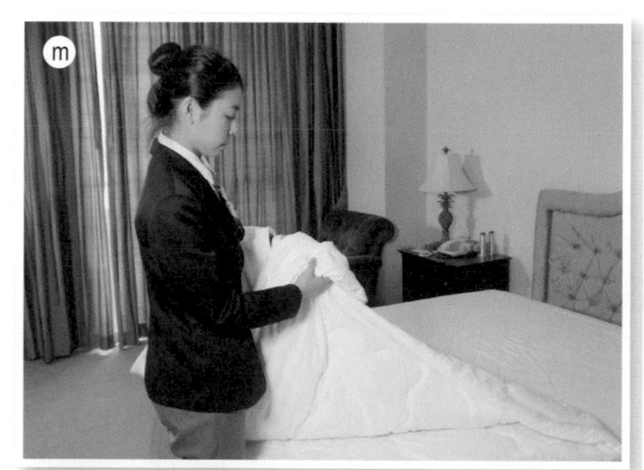

（續）圖5-27　鋪設被套

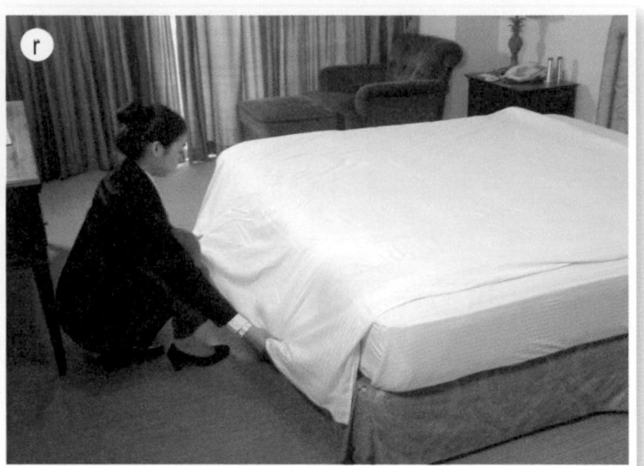

（續）圖5-27　鋪設被套

(五)鋪設枕頭套

1.拿取枕套四條、軟枕及硬枕各兩個，置於床鋪上備用（圖5-28a）。

2.先取其中一個枕頭來鋪設枕套，其要領為：

(1)先以一手手肘在枕頭中央部位往下壓（圖5-28b）。

(2)另一隻手順勢將枕頭對摺（圖5-28c）。

(3)一手抓緊對摺枕頭前端（圖5-28d），另一隻手拿取枕套，將枕頭塞入枕套內。

(4)雙手抓緊枕套開口端，並上下抖動，使枕頭順利塞入枕頭套內（圖5-28e）。

(5)將枕套開口端多餘的布，順著枕頭向內塞入枕套中（圖5-28f）。

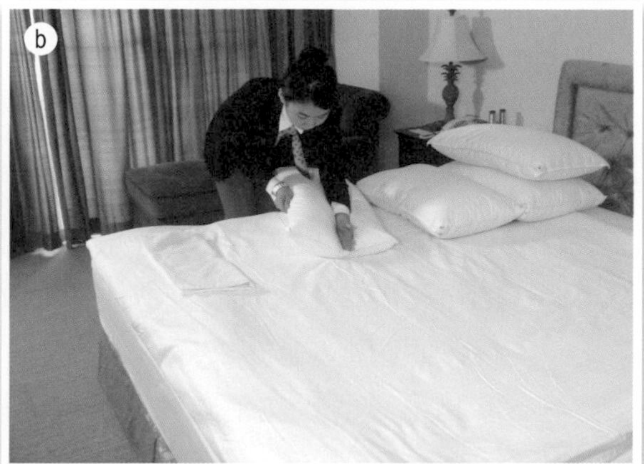

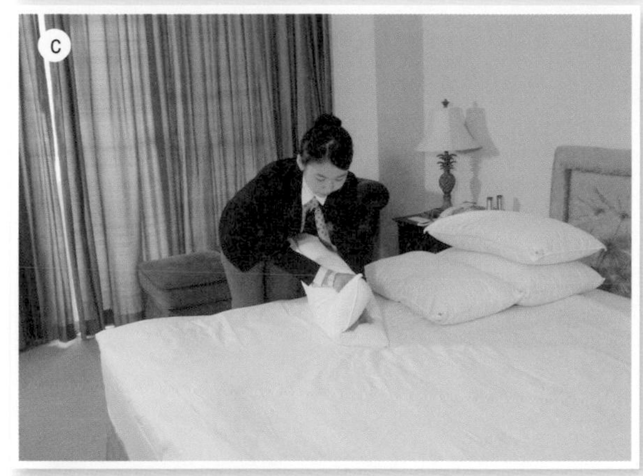

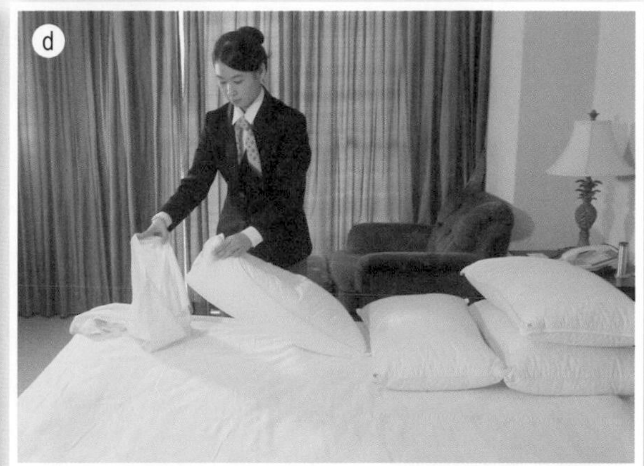

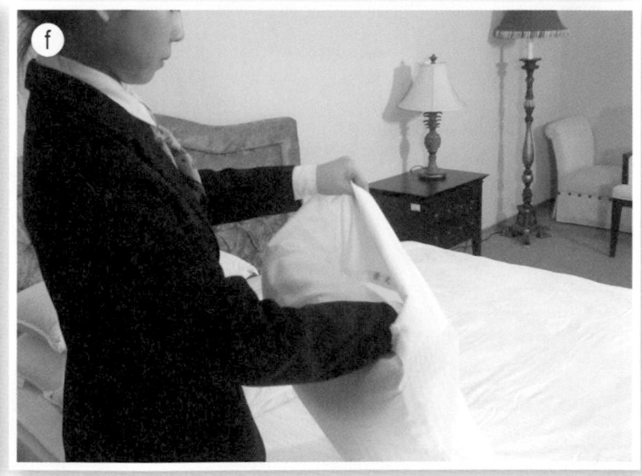

圖5-28　鋪設枕頭套

(6)最後再以雙手在開口端予以拉平修飾整齊（**圖5-28g**），即完成一個枕頭套鋪設。

3.其他三個枕頭的枕套鋪設要領均相同。

4.站在床頭處，先將第一個硬枕（標準枕）平置於中心線的右側，開口端朝中心線，並與床頭切齊（**圖5-28h**）。

5.再將第二個硬枕（標準枕）平放於中心線左側，開口端朝中心線，並與床頭切齊（**圖5-28i**）。

6.將第一個軟枕平放於第一個硬枕上面，開口端朝中心線，並與床頭切齊。

7.將第二個軟枕平放於第二個硬枕上面，開口端朝中心線，且與床頭切齊（**圖5-28j**）。經檢視無誤，枕套鋪設作業即告完成。

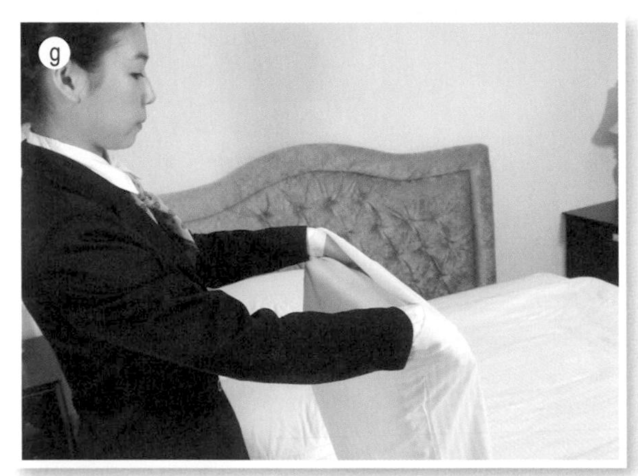

（續）圖5-28　鋪設枕頭套

(六)鋪設床罩

1.拿取床罩，放在床尾中心線右側，床罩開口朝右（**圖5-29a**）。

2.將床罩先朝左邊攤開（**圖5-29b**），再將床罩左右全攤開並理平順（**圖5-29c**），然後將床罩上層朝床尾拉下，以覆蓋床尾（**圖5-29d**）。

3.將床罩朝床頭方向掀起，再走到床頭端將床罩朝床頭處拉平（**圖5-29e**）。

4.將床罩朝床尾方向反摺，並在床側將硬枕壓在床頭端的反摺面上約5～10公分（**圖5-29f**），以便做出第一條枕線。

5.再將反摺床罩朝床頭方向拉至枕頭上方（**圖5-29g**），再反摺一次，然後將軟枕壓在床頭端的反摺面上約5～10公分（**圖5-29h**），以利理出第二條枕線。

圖5-29　鋪設床罩

（續）圖5-29　鋪設床罩

6.站在床頭，將床罩朝床頭方向拉，直到完全覆蓋住枕頭為止。

7.輔以雙手，用手刀方式在硬枕下方先理出第一條枕線（**圖5-29i**），然後再於軟硬枕間以手刀理出第二道枕線。

8.以雙手手臂及手刀將兩側枕頭內的空氣輕輕壓擠出來，並加以修飾平整（**圖5-29j**）。

9.將床頭兩側的床罩布巾修飾平整（**圖5-29k**）。

10.然後在床尾端，以蹲姿將床鋪往床頭方向推回定位（**圖5-29l**）。

11.最後再將床尾兩側床罩修飾平整理順（**圖5-29m**），即完成此鋪設作業。

（續）圖5-29　鋪設床罩

(七)成品檢視

床罩成品完成後，須再檢視確認無誤後，始告正式完畢。

旅館小百科

床罩鋪設的省思

早期傳統觀光旅館或星級旅館客房布巾的設計上，非常重視床罩的材質、色調及圖案，以彰顯客房的品味與質感。但近年來，床罩的適宜性已在業界有不同的看法與爭論。究其原因，乃因鋪設床罩作業費時、繁瑣、清潔保養不易、不符合環保概念以及功能不彰。因此，目前業界有些旅館除了空房外，對於續住房及遷入房均不再鋪設床罩；有些業者採用改良式的床罩設計，如床罩飾條以搭配整體客房設計。

圖5-30　以飾條替代床罩

第四節　加床鋪設作業

旅館客房銷售係以房間為單位，但均有人數的規定。若旅館在訂房或進住前要求加床服務，此時櫃檯人員會另外增收費用，並且會通知房務部辦公室轉告樓層領班作加床服務及加床鋪設，並在房間報表或電腦系統中登陸加床的房號。茲將旅館加床鋪設作業之流程及其要領，摘述如下：

一、準備布巾備品

旅館加床通常是以活動床作為加床的床鋪。本單元將以床單包覆毛毯的加床鋪設方式來進行鋪設作業，其所需準備的布巾計有：毛毯和保潔墊各一條（**圖5-31a、b**）；枕頭套兩個（**圖5-31c**）；床單三條（**圖5-31d**）。

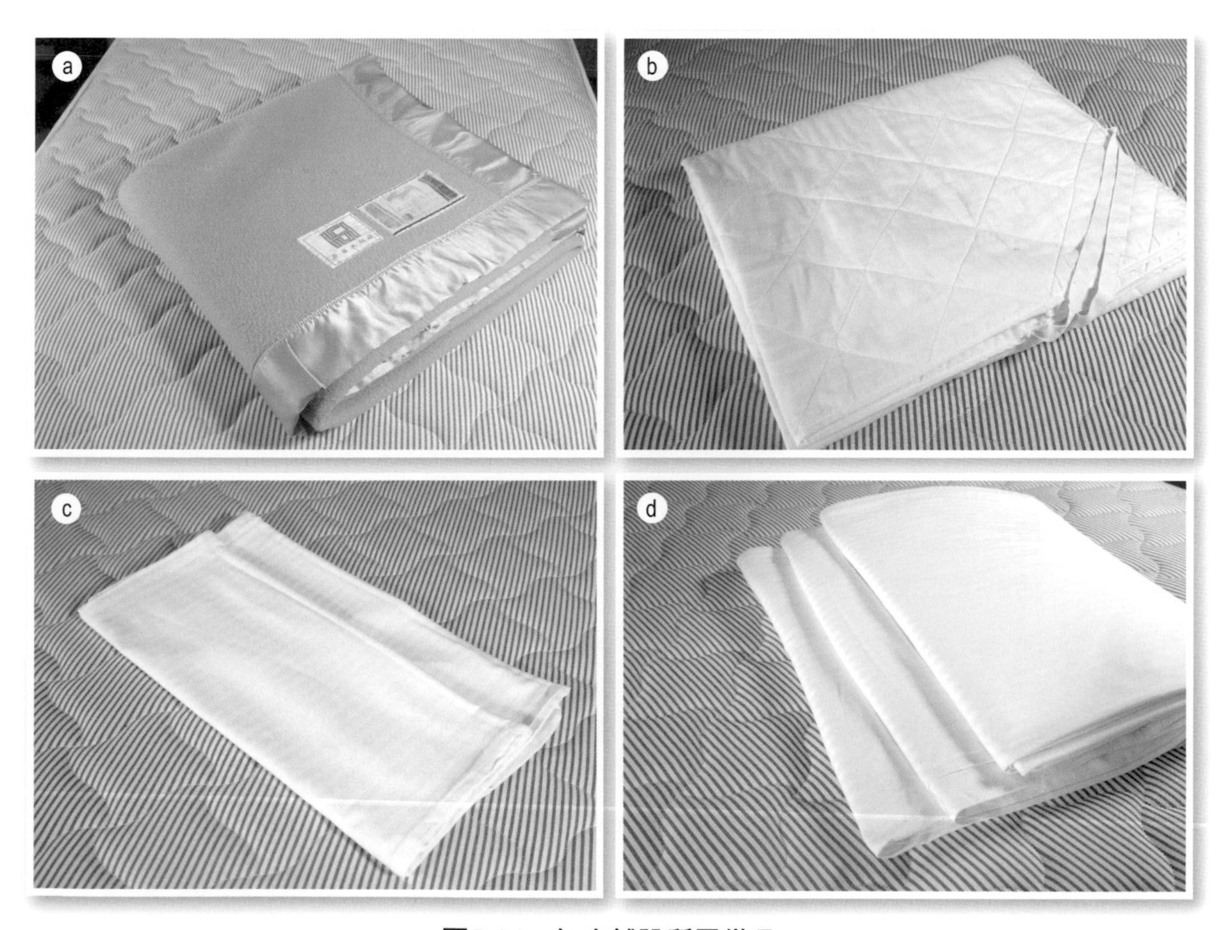

圖5-31　加床鋪設所需備品

註：本圖由景文科技大學旅館管理系協助拍攝

二、加床鋪設作業流程

加床服務以床單包覆毛毯的鋪設作業，其流程如圖5-32。

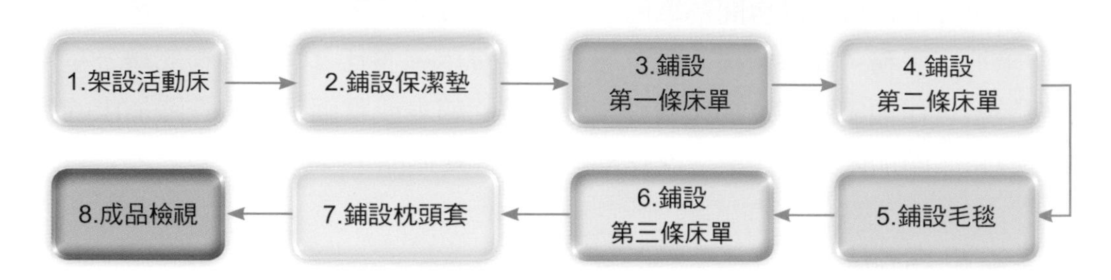

圖5-32　以床單包覆毛毯的加床鋪設作業流程

三、加床鋪設作業的步驟及要領

以床單包覆毛毯的加床鋪設作業，其步驟及要領如下：

(一)架設活動床

1.先將活動床推入客房（**圖5-33a**）。

2.活動床推到客房所需加床的位置後，雙手握住床架底部左右兩側的腳架，將活動床翻轉，使床面朝正前方。

3.雙手緊握腳架，並以單腳頂住床架底部下面的橫槓，將活動床往下拉（**圖5-33b**），並慢慢輕放至地面上。

4.將活動床稍往後拉，使床頭與牆面之間距約30公分（**圖5-33c**），以利做床作業操作。

5.拆解活動床墊上的束帶（**圖5-33d**），並將它塞進床墊下方，即完成此活動床的架設工作。

(二)鋪設保潔墊

1.活動床有床頭板，為便於布巾鋪設，預先走到床尾，以蹲姿用雙手托起床墊（**圖5-34a**），並往後拉離床頭板約10公分之間距（**圖5-34b**）。

2.拿取保潔墊站在床尾，準備鋪設保潔墊（**圖5-34c**）。

3.將保潔墊一端朝床頭用力拋出。

圖5-33　架設活動床

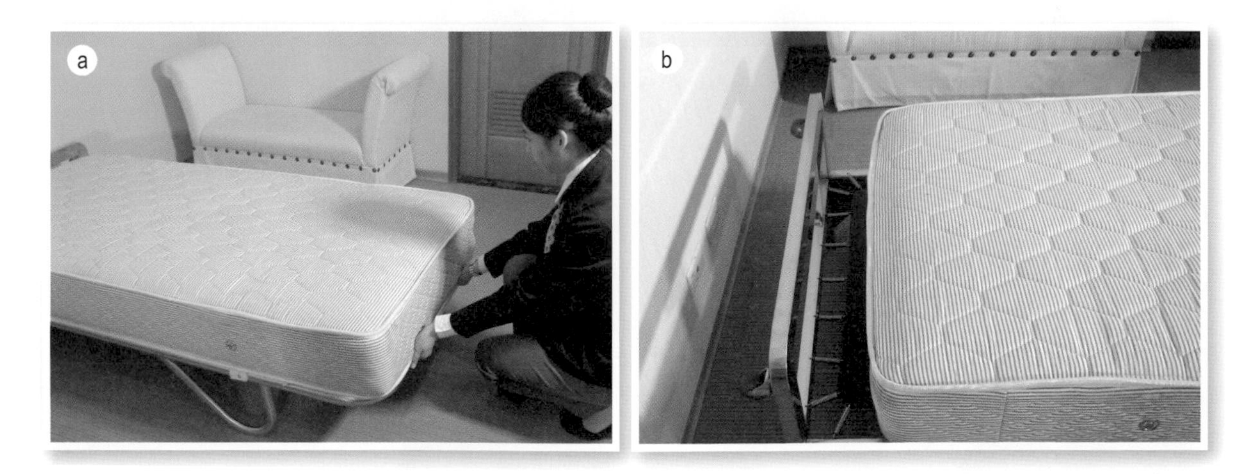

圖5-34　鋪設保潔墊

註：圖5-34至圖5-40由景文科技大學旅館管理系協助拍攝

4.將保潔墊稍加攤平，並確使保潔墊正面朝上（保潔墊有鬆緊帶那一面為反面）。

5.將保潔墊尾端兩角的鬆緊帶套在床墊床尾兩角（**圖5-34d**）。

6.走到床頭端，以雙手將保潔墊攤平再置放床面上（**圖5-34e**），並將床頭端的保潔墊鬆緊帶套在床頭床墊兩角。

7.保潔墊四角鬆緊帶套好之後，須再檢視是否套牢平整美觀（**圖5-34f**），此項鋪設工作即完成。

(三)鋪設第一條床單

1.拿取床單，站在床尾準備布巾鋪設（**圖5-35a**）。

2.檢視床單，正面要朝上（床單縫製摺邊面為反面）。

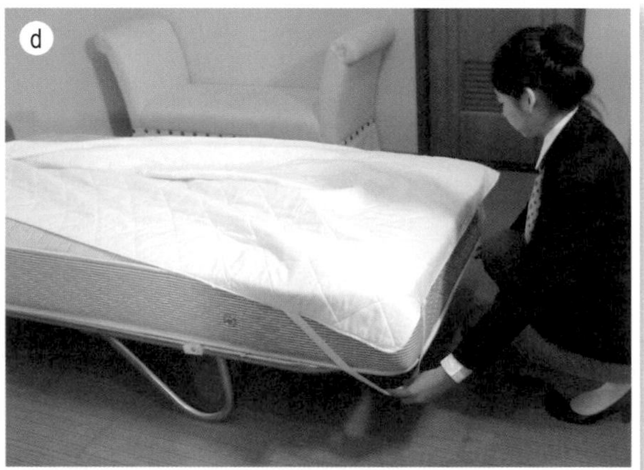

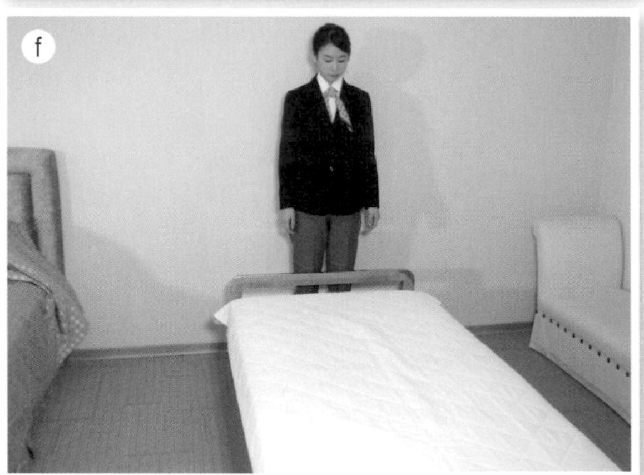

（續）圖5-34　鋪設保潔墊

3.將床單一端，朝床頭方向用力抛出（**圖5-35b**）。

4.床尾端床單以雙手攤開拉平後，再往下拉（**圖5-35c**）。

5.再走到床頭端，雙手拿取床單先予以攤平，並使床單中心線與床鋪中心線對齊，並使兩側布巾下垂的長度等長（**圖5-35d**）。

6.將床墊四個床角，以手刀方式將床單下襬摺入床墊來做角，其要領為：

(1)先以一手將床墊稍加抬起（**圖5-35e**），以利另一手沿床墊側邊將下垂的床單下襬，以手刀予以塞入床墊底部。

(2)再將床角尚未塞入床墊的床單下襬，以一手順勢垂直拉平，再以另一手輔助並往下拉摺成直角（**圖5-35f**）。然後以手刀，將床單下襬塞入床墊下方壓緊，並加以整理美觀，即完成一個床角的做角。

(3)依上述做角的要領，再循序完成其他三個床角的做角。

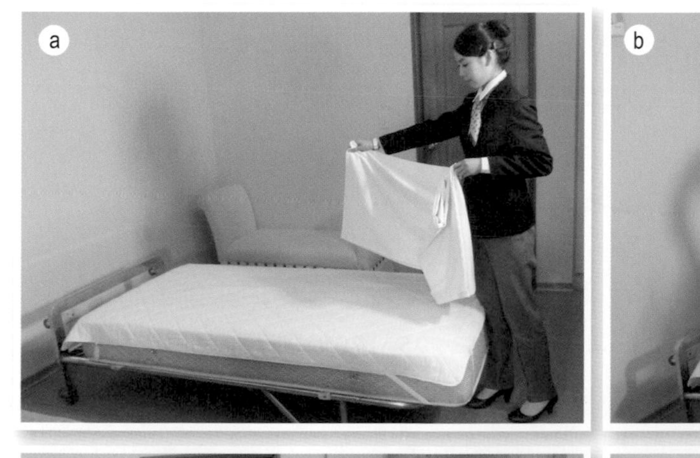

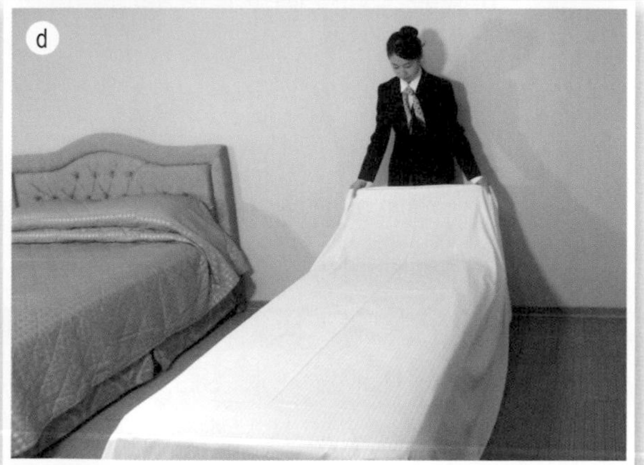

圖5-35　鋪設第一條床單

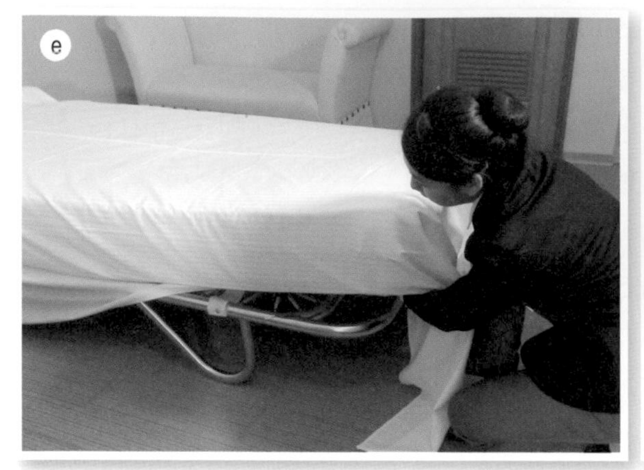

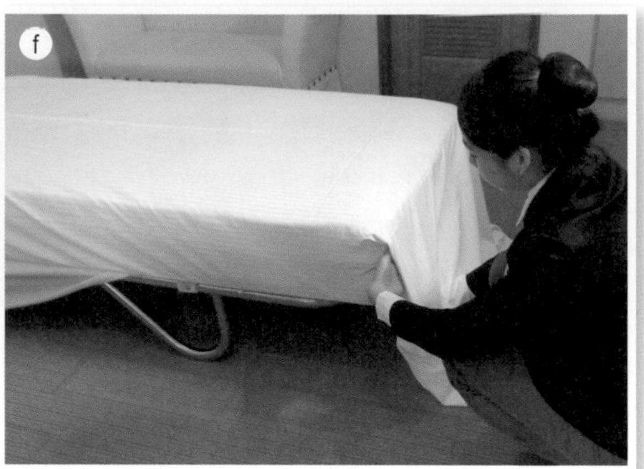

（續）圖5-35　鋪設第一條床單

(四)鋪設第二條床單

1.拿取床單，站在床尾準備第二條床單的鋪設。

2.攤開床單並加以檢視，務使床單反面（床單摺布邊的縫製面）朝上（**圖5-36a**）。

3.將床單一端向床頭方向拋出（**圖5-36b**）。

4.在床尾端，雙手將床單攤開拉平，再順勢往床尾端拉下（**圖5-36c**）。

5.走到床頭處，雙手將床單攤平並加調整，使床單中心線對準床鋪中心線（**圖5-36d**），並使床頭端之床單下襬下垂約25～30公分長，以利做床襟用。

6.檢視床鋪雙側下垂床單均等長後，此工作即完成。

(五)鋪設毛毯

1.拿取毛毯，站在床尾端準備毛毯鋪設動作。

2.打開毛毯並確認有廠牌或旅館標誌的正面須朝上（**圖5-37a**）。

3.將毛毯朝床頭端方向拋出。

4.在床尾端，雙手將毛毯攤平整（**圖5-37b**）。

5.走到床頭端，將毛毯以雙手予以攤平整（**圖5-37c**），並加以調整毛毯中心線，使其對齊床鋪中心線，同時床頭端毛毯前緣與床頭切齊（**圖5-37d**）。

6.經檢視無誤後，此項毛毯鋪設工作即完成（**圖5-37e**）。

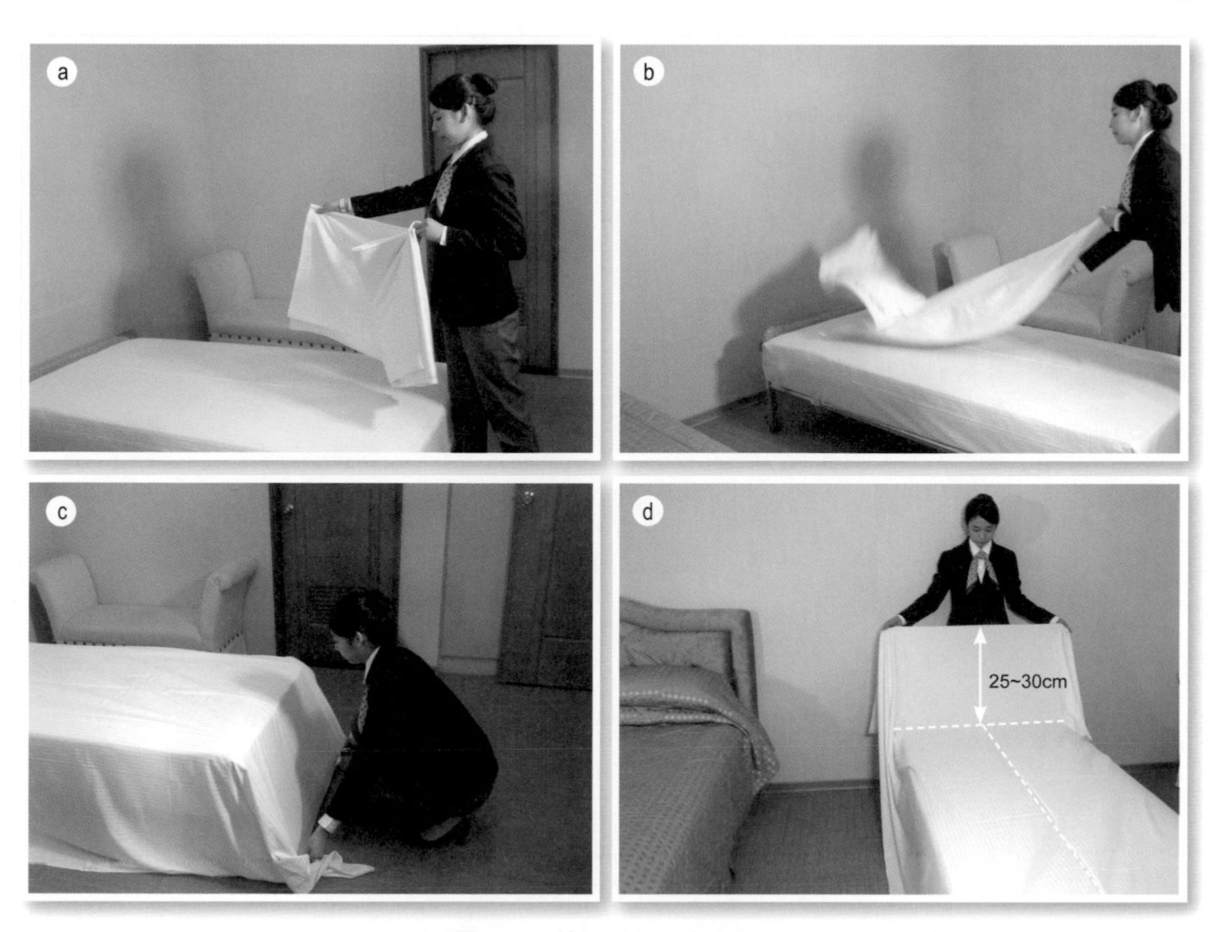

圖5-36　鋪設第二條床單

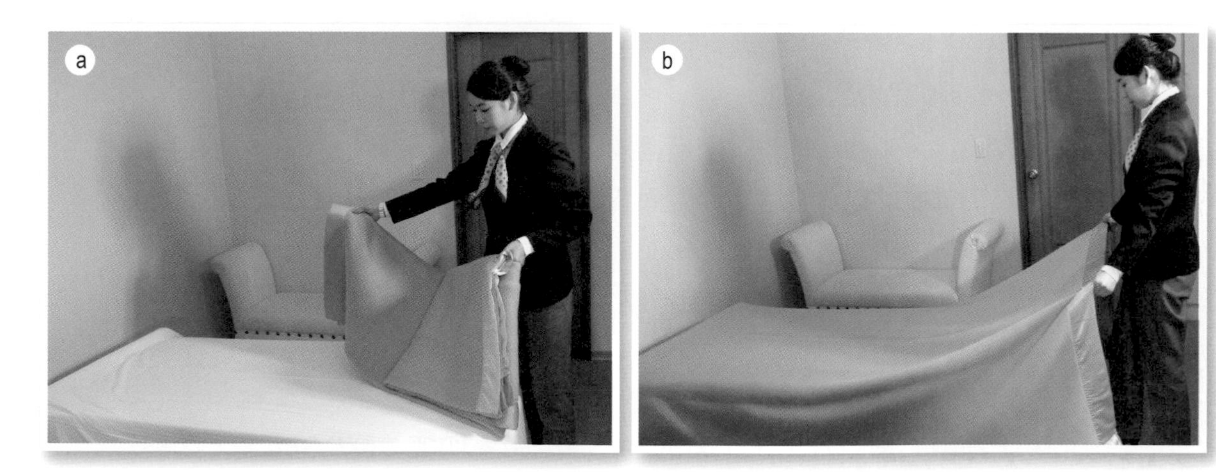

圖5-37　鋪設毛毯

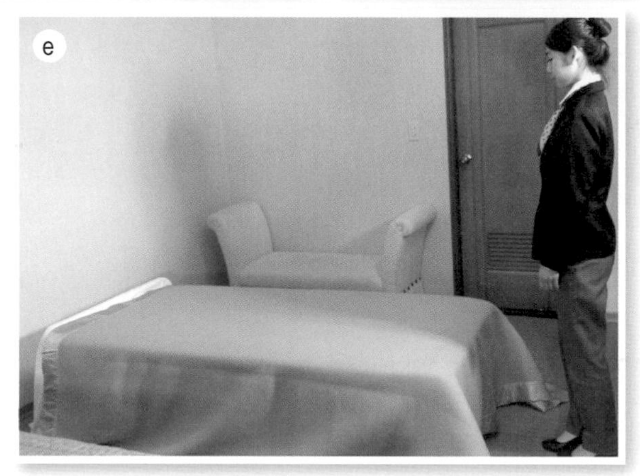

（續）圖5-37　鋪設毛毯

(六)鋪設第三條床單

1.拿取床單，站在床尾端，準備第三條床單的鋪設。

2.打開床單並加以檢視，床單正面要朝上（**圖5-38a**）。

3.將床單一端，朝床頭方向拋出。

4.在床尾端，雙手將床單攤平整（**圖5-38b**），並順勢往下拉（**圖5-38c**）。

5.走到床頭端，雙手取床單予以攤平及調整（**圖5-38d**），使床單中心線與床鋪中心線對齊，並使床單前緣與床頭邊切齊（**圖5-38e**），床鋪左右兩側下垂的床單下襬等長。

6.將床頭端下垂的第二條床單下襬拉起（**圖5-38f**），並朝向床尾方向

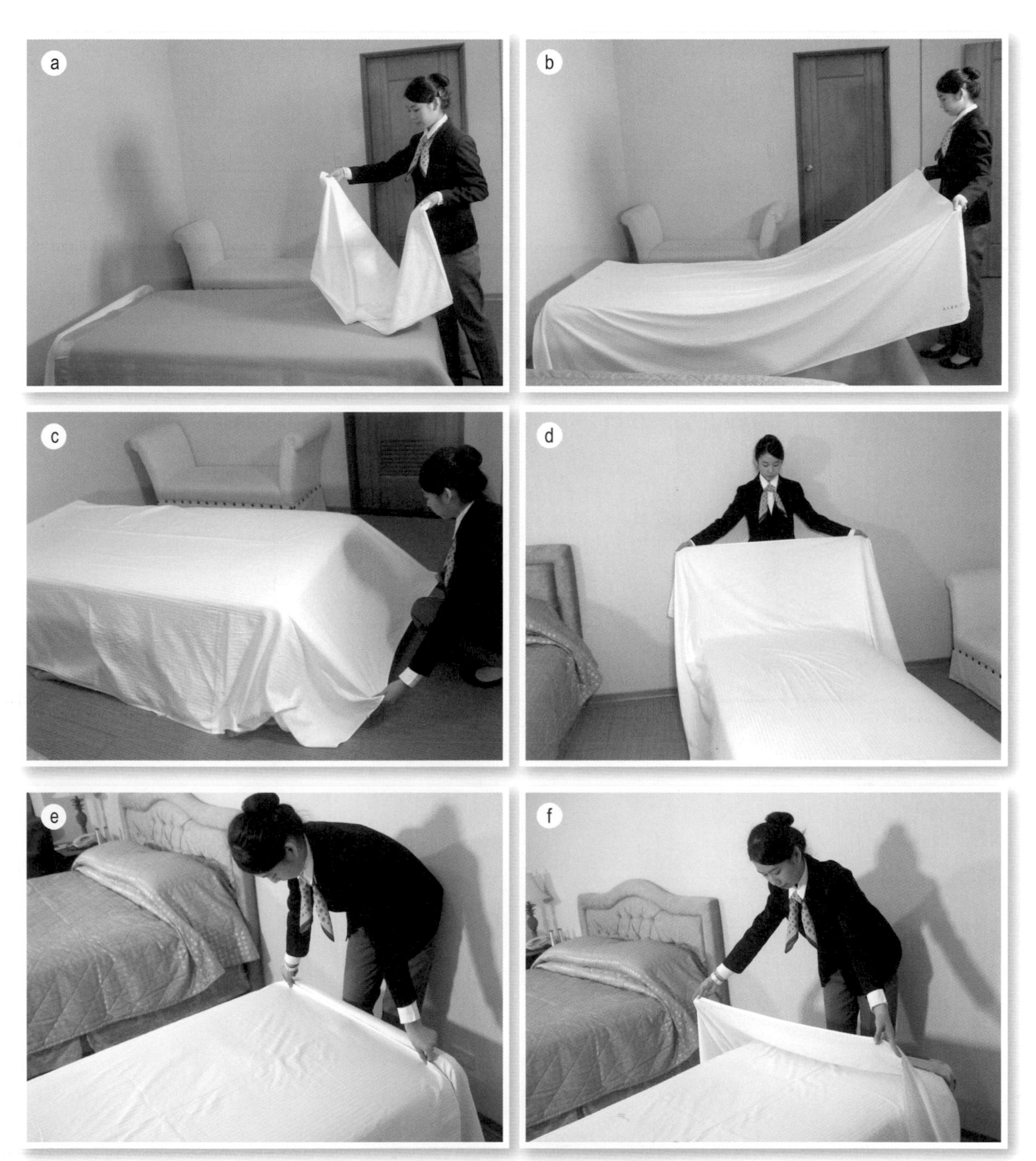

圖5-38　鋪設第三條床單

以同寬度約25～30公分反摺兩次後，再覆蓋在床鋪第三條床單上（**圖5-38g**）。

7.將反摺後的床單左、右兩側布巾，予以修飾平整為美觀的床襟（**圖5-38h**）。

8.將床頭端一側的床單布巾下襬，以手刀方式予以塞入床墊下面壓緊（**圖5-38i**）；然後以同樣方法將另一側床單布巾下襬塞入床墊下面壓緊。

9.以手刀方式將床鋪左右兩側的床單下襬全部塞入床墊下面壓緊（**圖5-38j**），然後再將床鋪的四個床角予以做角，其要領為：

(1)在床尾處，一手拉起床角端尚未塞入的床單下襬，並以另一隻手輔助（**圖5-38k**），順勢往下摺成直角；再以一手抬起床墊，另一隻手以

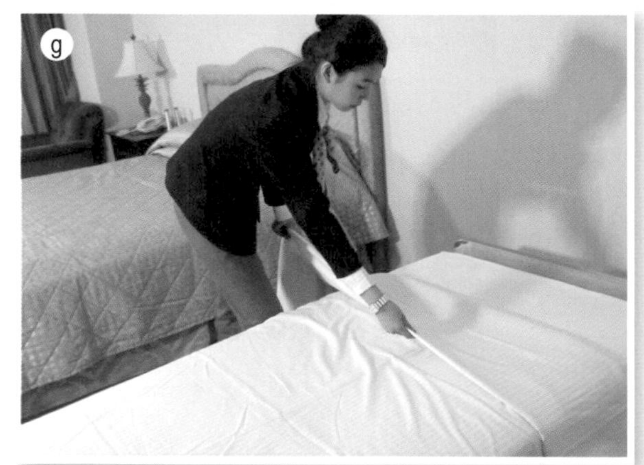

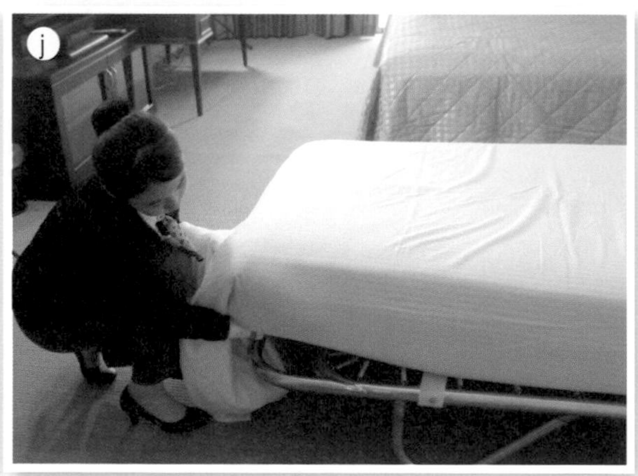

（續）圖5-38　鋪設第三條床單

手刀方式將床單下襬塞入床墊下面並壓緊，即完成床尾一角的做角（**圖5-38l**）。

(2)走到床尾另一角，以上述要領來做角。

10.床尾兩角做角完成後，須再檢視一遍，確認無誤即完成第三條床單的鋪設工作（**圖5-38m**）。

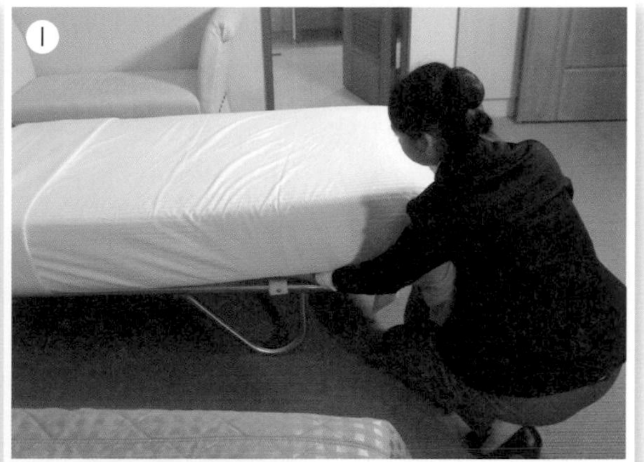

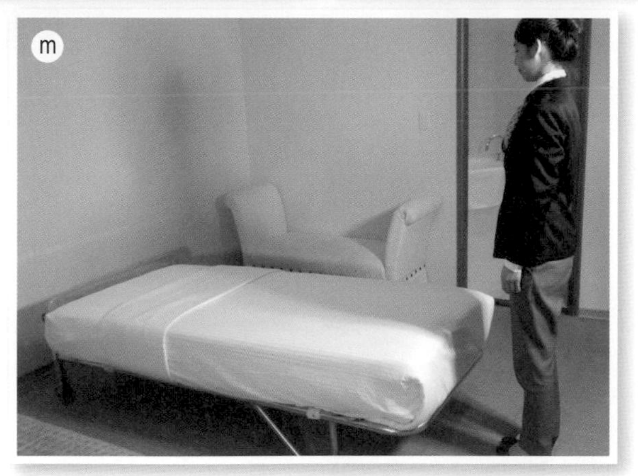

（續）圖5-38　鋪設第三條床單

(七)鋪設枕頭套

1.拿取枕頭套兩個、軟枕及硬枕各一個，置於床鋪上面備用（**圖5-39a**）。

2.先拿一個枕頭，並以手肘壓在枕頭中央上方的位置，並以另一手輔助將枕頭對摺（**圖5-39b**）。

3.一手抓緊對摺枕頭的前端，另一隻手拿取枕頭套，將枕頭塞入套內（**圖5-39c**）。

4.雙手拿取枕套開口端，先拉平再上下抖動，使枕頭完全置入套內為止（**圖5-39d**）。

5.將枕頭套開口端多餘的布巾，順著枕頭向內塞入（**圖5-39e**）後，再將枕頭套開口端拉平修整美觀，即完成一個枕頭套的鋪設工作。

6.再取另一個枕頭及枕頭套，依上述要領完成枕頭套鋪設工作後，將硬枕（標準枕）平放在床頭中央位置，並使其與床頭切齊（**圖5-39f**）。

7.然後再將軟枕平整置於硬枕上面，並與床頭切齊（**圖5-39g**）。

8.走到床尾端，將活動床以雙手稍抬起後，再往前推回定位（**圖5-39h**），並將床鋪稍加修飾整齊，即完成枕頭套鋪設工作。

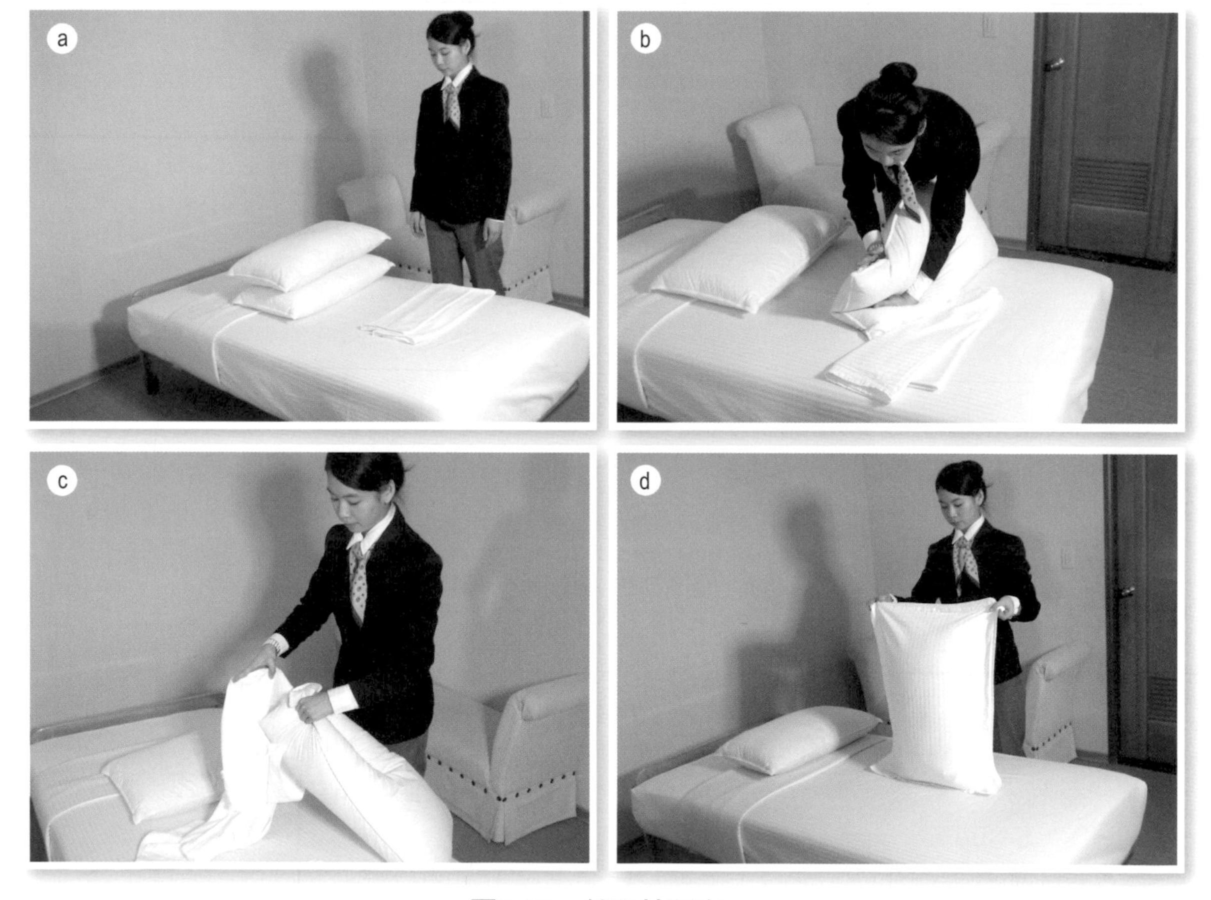

圖5-39　鋪設枕頭套

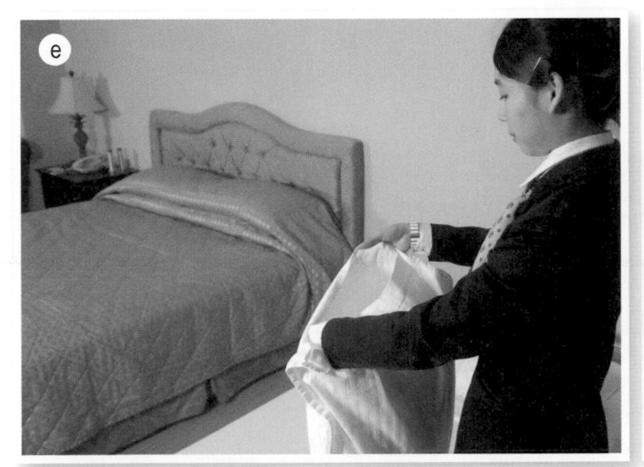
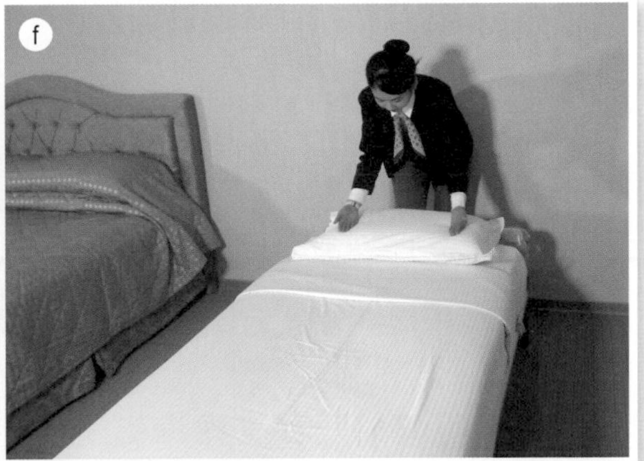

（續）圖5-39　鋪設枕頭套

(八)成品檢視

所有加床鋪設工作均完成後，須再檢視一遍，確認成品美觀無誤（**圖5-40**），此加床鋪設作業始告完成。

圖5-40　成品檢視

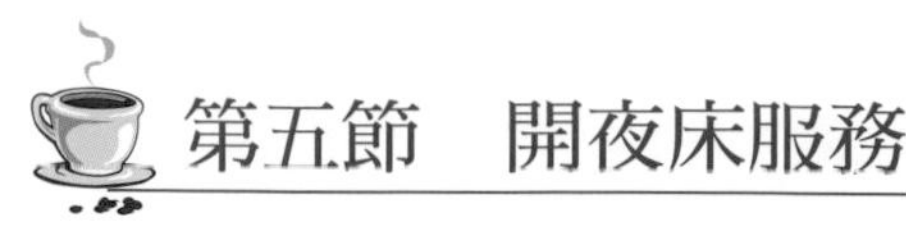

第五節　開夜床服務

旅館為提供旅客溫馨且舒適的高品質服務，通常會提供開夜床服務（Turn-down Service）。其主要目的乃在方便住宿旅客晚上回到旅館房間，即可不必再掀床罩或毛毯等床鋪布巾，而能愉快舒適地就寢。本單元將分別就一般旅館所提供的開夜床服務，就其作業流程及其作業要領，依序加以摘介。

一、服務前房務工作準備

房務員須先針對當天所需開夜床服務的房間狀況，瞭解其住宿人數，以利準備所需的布巾及相關備品，並予以置放在房務工作車，以便開夜床服務作業。例如：浴室備品、足布、拖鞋或晚安卡等備品。

二、開夜床服務作業流程

開夜床服務的正式作業，自敲門或按鈴進入客房，一直到退出離開客房，其流程及要領如下：

(一)進入客房前

1.房務員通常在傍晚後約6～7點，開始執行開夜床服務工作。

2.進入客房前，預先按門鈴或輕敲房門，並報知"Turn-down Service"，並等候客人開門。若房客無回應，須稍候再按門鈴一次，並報出Housekeeping，如果仍無回應，始可開門進入。

3.若房客在房內，且表示不需夜床服務（No Night Service, NNS）時，須有禮貌地向客人致意道聲晚安，再離開房間，同時須在夜床服務報表上註明：不用開夜床（NNS）。

(二)進入客房後，須先開燈，並調整空調溫度

1.進入客房後，須先啟動電源開關。例如：先將鑰匙卡插入電源開關盒內（**圖5-41**），使電源啟動及燈亮起後，一方面確認電燈狀況是否正常，

圖5-41　插入房客鑰匙卡啟動電源

註：本圖由新北市深坑假日飯店協助拍攝

另方面再依當時氣候來設定適當的空調溫度。

2.由於每家旅館所提供開夜床服務方式不一，因此房務員須依各旅館作業規範來進行此方面的服務。

(三)清理垃圾、整理起居室等房間

1.垃圾清理。房務員須查看客房及浴室是否有垃圾待清理。客房內所有垃圾桶均須清理乾淨。

2.整理桌面及檢查各項文具等備品，並將房內各項備品或物品整理排放整齊。例如：桌椅、電視、遙控器、衣架、茶几、杯皿或書報等均應依規定擺歸定位。

3.房客行李或散落物品也須稍加整理整齊，唯不可任意搬動或丟掉。

4.擦拭客房汙損的設備或器具，並更換房客使用過的杯皿，如水杯或咖啡杯。

(四)開夜床

◆開夜床的方式

旅館客房開夜床的方式，由於客房住宿人數及房型不同，因此其開夜床的作業方式也不盡相同。茲以單床房（Single Room）、雙床房（Twin Room）及加床（Extra Bed）等之開夜床方式，予以摘介如後：

1.單床房

(1)一人住宿時，開夜床一般係以選擇較靠近電話的一側，作為開夜床的方向，如圖5-42。

(2)兩人住宿時，開夜床的方式有兩種：

①以床鋪的中心線為基準，將兩側床單向外翻摺各開約30度斜角，如圖5-43。

②將床頭端的床單，朝床尾方向反摺（橫摺），寬度約20～30公分，如圖5-44。

2.雙床房

(1)一人住宿時，係以選擇靠近浴室的床鋪，來作為開夜床的方向，如圖5-45。

(2)兩人住宿時，係以兩張相鄰的床鋪一側，作為開床的方向，如圖5-46。

3.加床（活動床）

加床開夜床的方向，係以兩張床鋪相鄰的一側，作為開夜床的方向，如圖5-47。

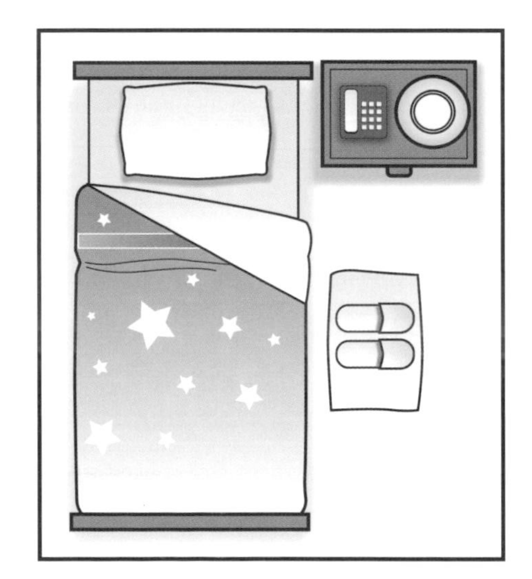

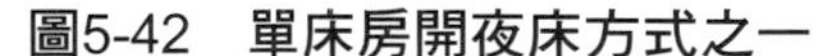

圖5-42　單床房開夜床方式之一

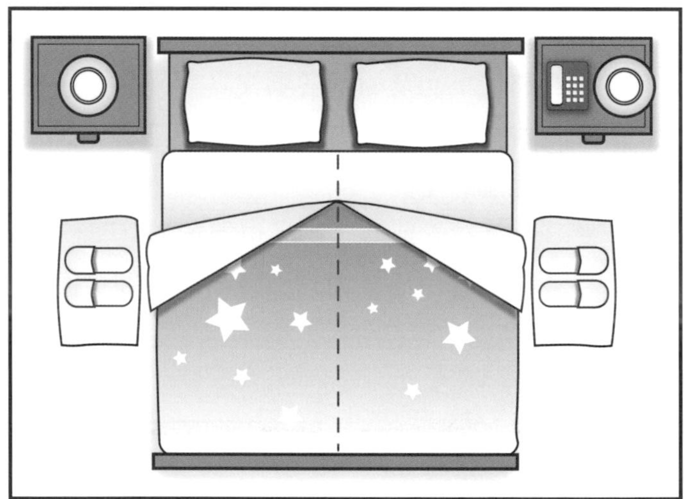

圖5-43　單床房開夜床方式之二

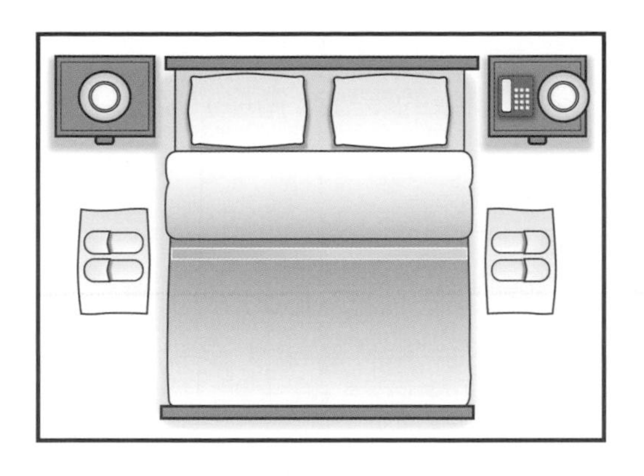

圖5-44　單床房開夜床方式之三

浴室

圖5-45　雙床房開夜床方式之一

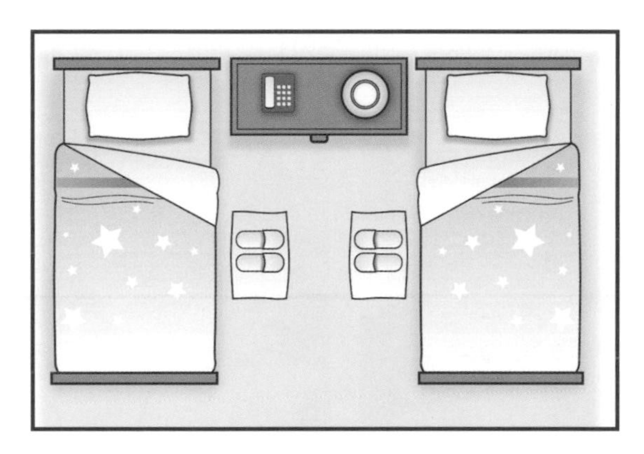

圖5-46　雙床房開夜床方式之二

圖5-47　加床開夜床方式

◆開夜床的步驟

茲以「床單包覆毛毯」的單人床為例，將開夜床的步驟，循序介紹如下：

1.站在床頭端一側，將床罩掀起（圖5-48a）。
2.將床罩對摺，並與床尾切齊（圖5-48b）。
3.再提起床罩對摺一次（圖5-48c），與床尾切齊（圖5-48d）。
4.將床尾端垂下的床罩下襬，提起反摺，並使摺邊與床尾切齊（圖5-48e）。
5.將床罩左右兩側垂下的下襬，朝床罩中心線對摺。其要領為：先將左側床罩下襬往右朝中心線對摺，再將床罩右側下襬朝左邊中心線對摺（圖5-48f）。
6.然後再將床罩由右向左對摺，即完成床罩摺疊之工作（圖5-48g）。

圖5-48　開夜床的步驟

註：圖5-48至圖5-49由景文科技大學旅館管理系協助拍攝

7.將摺疊好的床罩，置於衣櫃或適當的位置存放。

8.走到床頭端靠近電話的床側，將包覆毛毯的床單布巾自床墊下面拉出（**圖5-48h**），唯須注意不可將包裹床墊的第一條床單拉出來。

9.將拉出的床單布巾，向外反摺約30度斜角，再將經反摺後的床單下襬布巾，以手刀將其塞入床墊下面（**圖5-48i**）。

10.拿取足布，正面朝上（有圖騰或標誌面為正面），平鋪於開夜床的床側地面上。

11.拿取拖鞋，整齊擺放在足布正中央位置，拖鞋頭端朝外，開口朝床側。若是紙拖鞋，尚須將鞋面撐開（**圖5-48j**）。

12.最後再檢視床面是否平整，拖鞋擺設是否整齊美觀，即完成此開夜床的作業（**圖5-48k**）。

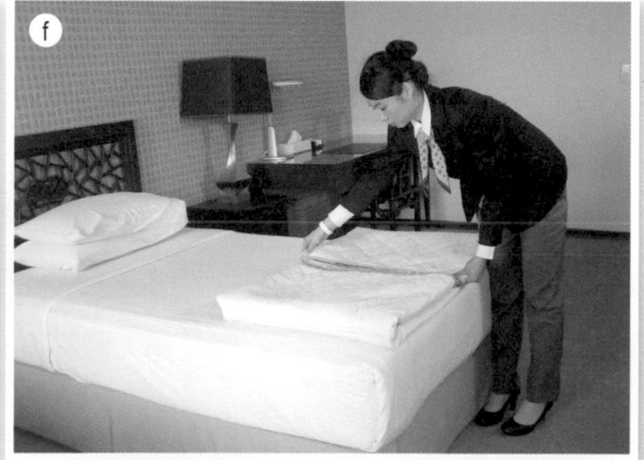

（續）圖5-48　開夜床的步驟

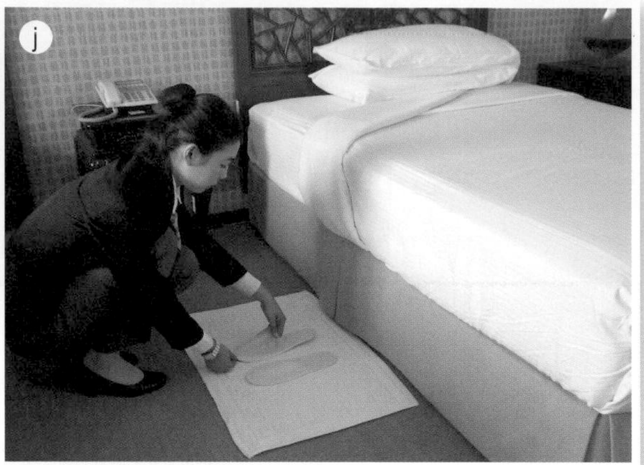

（續）圖5-48　開夜床的步驟

(五)整理浴室

1.整理浴室時，須將鏡面及洗臉檯上的水珠擦拭乾淨（**圖5-49a**）。

2.浴室備品若不足時，須加以補充，並整理客人使用過的備品（**圖5-49b**）。

3.將馬桶或免治馬桶擦拭乾淨，地板勿殘留水漬或腳印。

4.收取並更換房客使用過的浴室布巾。

(六)補充備品及布巾

1.補充迷你吧檯的相關備品，如茶包或咖啡包等。

2.補充浴室備品及布巾，如肥皂、毛巾或擦手紙等。

3.擺放早餐卡及貼心的小禮物（**圖5-50**）。

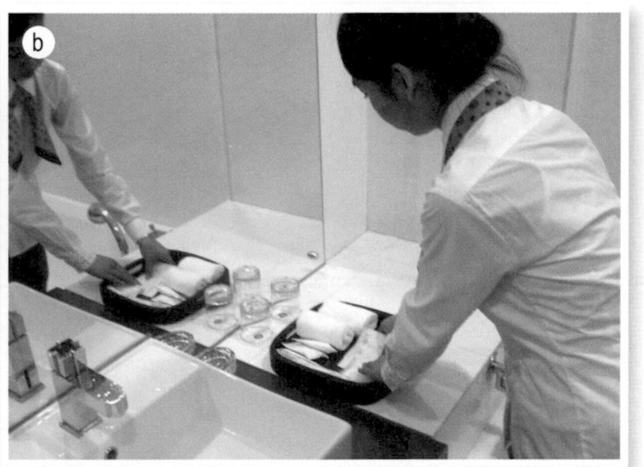

圖5-49　整理浴室

(七)關窗簾並開啟床頭小夜燈

為避免隔日陽光直接射入客房，因而影響客人的睡眠，因此開夜床服務時，必須將窗簾拉上，勿留縫隙（**圖5-51**）。此外，尚須打開床頭小夜燈，並將其餘電燈關掉。

(八)退出客房

房務員在離開客房之前，須再做最後一次檢查動作，確認一切均整理就緒，始可將房門輕輕關上，並再確認房門是否已上鎖關妥，此項開夜床服務作業始告完成。

圖5-50　早餐卡及小禮物

圖5-51　開夜床須拉上窗簾

註：本圖由景文科技大學旅館管理系協助拍攝

三、開夜床應注意的事項

旅館房務人員在提供開夜床服務時，須注意的事項有下列幾點：

1.每家旅館開夜床的服務方式，並不完全相同。唯須依照旅館規定的標準作業規範，以力求一致性水準的服務。

2.為提供房客溫馨的個別化服務，房務員對於續住房的開夜床方式，最好依照房客的偏好或習性來調整開夜床的方向，如靠近窗戶或走道等。

3.開夜床服務，原則上須以不打擾房客為原則。例如：房客掛上「請勿打擾」掛牌或客房「請勿打擾」訊號燈亮時，則不可敲門或按鈴打擾客人。

4.旅館所提供的拖鞋，若有包裝封套時，須先將拖鞋封套拆掉外，尚須將鞋面撐開，以便於房客使用。

5.旅館開夜床時，除了將床鋪上的床單被毯向外翻摺外，有些旅館會在翻摺處擺上小禮品，如晚安卡、晚安糖或玫瑰花。唯每家旅館所提供的服務均不盡相同。

附錄

餐旅服務丙級技術士技能檢定房務作業

餐旅服務丙級技術士技能檢定有關房務鋪設作業的術科測試規定及其測驗內容重點，摘介如下：

一、術科測試題目及時間

餐旅服務技檢房務作業部分的考題可分為：服務工作區準備、床鋪整理及備品復歸等三大題。床鋪整理的測驗試題計有試題編號990304A與編號990304B等兩題，再由考生抽選其一應試。試題內容及測驗時間分配如下：

(一)試題編號990304A

1.依序鋪設一張加大雙人床及一張加床（活動床）。

2.測驗時間：床鋪鋪設作業共18分鐘；備品復歸定位7分鐘完成。

(二)試題編號990304B

1.依序鋪設兩張單人床，再將完成之其中一張單人床調整為夜床形態。

2.測驗時間：床鋪鋪設作業共18分鐘；備品復歸定位7分鐘完成。

(三)房務工作區準備

依所抽選的試題內容將房務工作車推至公共用材區（備品存放區）拿取所需布巾備品，此項準備工作需在5分鐘內完成。

(四)備品復歸

此項作業時間，需在7分鐘內完成備品摺疊及歸定位的工作。

二、測驗評分重點

(一)房務工作區準備

此試題評分重點乃在測驗考生對於房務鋪設作業所需布巾備品的認知與瞭解。若有下列情事將會扣分：

扣分項目	扣分
1.未以正確姿勢推動加床。	4
2.未以正確方式架設加床。	4
3.未能正確推動或固定房務工作車。	4
4.準備備品及布品前，未清潔、擦拭雙手。	4
5.未使用房務工作車取用備品。	10
6.備品準備過程中掉落地上（依項次扣分） (1)清潔衛生墊 (2)床單 (3)毛毯 (4)棉被套 (5)棉被 (6)床罩 (7)枕頭套 (8)標準枕 (9)軟枕 (10)足布 (11)拖鞋	4*
7.備品準備超過足夠完成測試量（依項次扣分） (1)清潔衛生墊 (2)床單 (3)毛毯 (4)棉被套 (5)棉被 (6)床罩 (7)枕頭套 (8)標準枕 (9)軟枕 (10)足布 (11)拖鞋	4*
8.備品準備款式或數量不足（依項次扣分） (1)清潔衛生墊 (2)床單 (3)毛毯 (4)棉被套 (5)棉被 (6)床罩 (7)枕頭套 (8)標準枕 (9)軟枕 (10)足布 (11)拖鞋	10*
9.房務車或工作區的布置未達整齊、美觀和便利取用的功效。	4
10.房務工作車未推至工作檯左或右側定位。	10
11.加床未推至定位。	10
12.違反安全、衛生及其他相關事項者。	4*
註一：扣分標準以違反項目內容為評審標準 註二：各項之件次部分不重複扣分 註三：扣分項次有「*」標記者得重複扣分 註四：扣分小計（最多扣50分）	

(二)床鋪整理

床鋪整理評分重點乃在測驗考生對於房務鋪設作業流程、步驟及其要領的精熟程度，尤其是成品的正確度與整體美最為重要。若有下列情事將會扣分：

扣分項目	扣分
1.選擇錯誤備品（依項次扣分） (1)清潔衛生墊 (2)床單 (3)毛毯 (4)棉被套 (5)棉被 (6)床罩 (7)枕頭套 (8)標準枕 (9)軟枕 (10)足布 (11)拖鞋	4*
2.鋪放清潔衛生墊，未將四角鬆緊帶緊密扣入床墊下方。	4*
3.鋪放清潔衛生墊方向錯誤或反面朝上。	10*
4.第一層床單，未以正面鋪設。	4*
5.第一層床單，未將四周布面拉摺線並整齊摺入床墊下方。	10*
6.第二層床單，未以反面朝上鋪設。	4*
7.第二層床單鋪設位置，未能考量到包覆毛毯之功能。	4*
8.鋪設毛毯，未將標誌呈現出。	4*
9.第三層床單，未以正面鋪設。	4*
10.第三層床單的鋪設，未將左右兩邊、床尾垂量及毛毯，拉摺線並整齊摺入床墊下。	10*
11.完成鋪設後，床面整體未達平整、美觀之功能。	10*
12.未能熟練裝套枕頭。	10
13.裝入枕頭套內之枕形，四周稜角莫辨、鬆軟無狀。	10
14.未能熟練裝設棉被。	10
15.裝設完成之棉被，未達美觀、舒適之整體成效。	10
16.未正確擺放標準枕及軟枕。	4*
17.枕頭放置位置，未靠床頭板。	4*
18.床面枕套開口處，未考量其美觀及實用性。 (1)單人床 (2)雙人床 (3)加床	4*
19.鋪設床罩，頭端未能覆蓋枕頭。	4*
20.鋪設床罩時，枕頭前方，接觸床面及上枕間未摺入5～10公分，美化床面。	10*
21.鋪設床單，未修餘床尾左右兩側，使其安全發生顧慮。	10*
22.鋪設完成之床罩及床面整體未達平整、美觀之功能。	10*
23.鋪設夜床時，床罩由床面取下前，未能設計秩序摺疊整齊。	4
24.鋪設夜床時，未考慮床單、毛毯「就寢功能」之美觀及實用性。	10
25.鋪設夜床時，未能於床腰地面處正確放置足布一塊。	10
26.置於拖鞋及足布未考慮其服務旅客使用方便性。	4
27.完成之成品未按題意操作者： (1)完成之床鋪使用錯誤備品，如：雙人床使用單人床單、床罩等 (2)備品鋪設順序錯誤。 (3)棉被套裝設未達題意要求（被套只裝一半） (4)加床或單人床未先定位，即開夜床 (5)開夜床之方向不適當 (6)足布拖鞋未配合夜床開口方向放置 (7)其他：	40*

28.在應檢時間內未完成作業要求事項者，計有（請以文字簡述事項，並依項次扣分）： (1)清潔衛生墊 (2)床單 (3)毛毯 (4)棉被套 (5)棉被 (6)床罩 (7)枕頭套 (8)枕頭定位 (9)床定位 (10)開夜床 (11)足布、拖鞋（包括未拆封）	40*
29.違反安全、衛生及其他相關事項者。	4*
註一：扣分標準以違反項目內容為評審標準 註二：扣分項目有依項次扣分者，以項次為準，每一項次不得重複扣分（二張床分別評分） 註三：扣分小計（最多扣200分）	

(三)備品復歸

「備品復歸」此考題的作業時間共計7分鐘，其評分重點乃在測驗考生能否有條不紊將布巾備品摺疊整齊並加分類存放，以培養愛惜公物的良好工作習慣。考生須注意下列幾點，以免遭受扣分。

扣分項目	扣分
1.未以正確姿勢將工作車推回原定位。	4
2.未以正確姿勢將加床推回原定位。	4
3.未能將換下之布巾與垃圾分類存放： (1)清潔衛生墊 (2)拖鞋及套 (3)毛毯 (4)棉被套 (5)棉被 (6)床罩 (7)枕頭套 (8)標準枕 (9)軟枕 (10)足布 (11)床單（未逐一拆卸）	4*
4.未將可續用之備品摺疊整齊或未依原定位處放妥： (1)毛毯 (2)棉被 (3)床罩 (4)標準枕 (5)軟枕	4*
5.在應檢時間內未完成本題。	50
6.違反安全、衛生及其他相關事項。	4*
註一：扣分標準以違反項目內容為評審標準 註二：各項之件次不重複扣分 註三：扣分項次有「*」標記者得重複扣分 註四：扣分小計（最多扣50分）	

三、技能檢定房務作業與現代旅館房務作業

技能檢定的房務作業方式與現代旅館的房務作業方式，基本作業技巧大致上均一樣，唯最大差異有下列幾點：

(一)房務工作車方面

目前旅館房務員在執行客房清潔或房務鋪設作業時，其房務工作車或布巾車均擺在客房門口或樓層走道適當位置，並不能直接推入客房內。

(二)工作檯方面

現代旅館房務鋪設作業並無此項作業安排，所有布巾備品均事先置放在房門口的房務工作車或布巾車上。

(三)開夜床服務方面

現代旅館所提供的開夜床服務，通常會在開夜床的床鋪上，置放早餐卡、晚安糖、玫瑰花或其他小禮物。但技能檢定在開夜床時，並無此項服務。

教學活動設計

教學活動設計(一)

<table>
<tr><td>主題</td><td colspan="5">房務鋪設作業基本技能</td></tr>
<tr><td>性質</td><td colspan="5">示範觀摩，分組練習</td></tr>
<tr><td>地點</td><td colspan="5">餐旅實習教室／餐旅實習大樓</td></tr>
<tr><td>時間</td><td colspan="5">180分鐘</td></tr>
<tr><td>方式</td><td colspan="5">1.教師先講解並示範房務鋪設的基本作業——拆床、鋪設枕套、鋪設床單、鋪設毛毯及鋪設羽絨被等房務基本技能。再請1～2位同學實際示範操作練習，教師從旁講評及修正。
2.全班同學觀摩示範之後，若無其他問題時，教師再針對上述主題，分別安排學生分組練習。原則上，每單元主題以30分鐘為限，並依次輪換不同主題練習，直到學生熟練此鋪設基本技能為止。
3.教師在各組展開分組練習時，須隨時進行走動式教學輔導，尤其是注意學生安全衛生的工作習慣及工作態度。
4.教師綜合講評。</td></tr>
<tr><td rowspan="10">評分</td><td>評分項目</td><td>評分重點</td><td>配分</td><td>評分</td><td>備註</td></tr>
<tr><td rowspan="2">服裝儀容（10%）</td><td>服裝整潔</td><td>5</td><td></td><td></td></tr>
<tr><td>儀態端莊</td><td>5</td><td></td><td></td></tr>
<tr><td rowspan="2">工作態度（20%）</td><td>敬業精神</td><td>10</td><td></td><td></td></tr>
<tr><td>團隊合作</td><td>10</td><td></td><td></td></tr>
<tr><td rowspan="2">工作習慣（20%）</td><td>安全衛生</td><td>10</td><td></td><td></td></tr>
<tr><td>守法守紀</td><td>10</td><td></td><td></td></tr>
<tr><td rowspan="3">操作技能（50%）</td><td>流程步驟正確</td><td>20</td><td></td><td></td></tr>
<tr><td>動作熟練</td><td>15</td><td></td><td></td></tr>
<tr><td>成品美觀</td><td>15</td><td></td><td></td></tr>
<tr><td>評分教師</td><td></td><td>總分</td><td>總評</td><td colspan="2"></td></tr>
</table>

教學活動設計(二)

<table>
<tr><td>主題</td><td colspan="5">房務鋪設作業</td></tr>
<tr><td>性質</td><td colspan="5">示範觀摩，分組練習</td></tr>
<tr><td>地點</td><td colspan="5">餐旅實習專業教室</td></tr>
<tr><td>時間</td><td colspan="5">240分鐘</td></tr>
<tr><td>方式</td><td colspan="5">1.教師先講解旅館房務鋪設作業的意義及其工作內涵，並針對單人床、雙人床、加床和開夜床服務等鋪設作業流程及操作要領，親自操作示範。
2.全班同學觀摩示範之後，教師先協助同學分組並依所分配的主題展開練習，原則上，每單元主題以50分鐘為原則。
3.教師在各組展開分組練習時，須隨時進行走動式教學輔導，並注意培養學生良好工作習慣與態度。
4.教師綜合講評。</td></tr>
<tr><td rowspan="11">評分</td><td>評分項目</td><td>評分重點</td><td>配分</td><td>評分</td><td>備註</td></tr>
<tr><td rowspan="2">服裝儀容（10%）</td><td>服裝整潔</td><td>5</td><td></td><td></td></tr>
<tr><td>儀態端莊</td><td>5</td><td></td><td></td></tr>
<tr><td rowspan="3">工作態度（20%）</td><td>敬業精神</td><td>5</td><td></td><td></td></tr>
<tr><td>團隊合作</td><td>5</td><td></td><td></td></tr>
<tr><td>服務熱忱</td><td>10</td><td></td><td></td></tr>
<tr><td rowspan="2">工作習慣（20%）</td><td>安全衛生</td><td>10</td><td></td><td></td></tr>
<tr><td>守法守紀</td><td>10</td><td></td><td></td></tr>
<tr><td rowspan="3">操作技能（50%）</td><td>流程步驟正確</td><td>20</td><td></td><td></td></tr>
<tr><td>動作熟練</td><td>15</td><td></td><td></td></tr>
<tr><td>成品美觀</td><td>15</td><td></td><td></td></tr>
<tr><td>評分教師</td><td></td><td>總分</td><td>總評</td><td colspan="2"></td></tr>
</table>

學習評量

一、問答題

1.現代旅館房務作業在拆除床鋪布巾的作業要領為何？試述之。
2.房務員在拆除床鋪布巾時，須注意的事項有哪些？試列舉其要說明之。
3.你知道單人床床單包覆毛毯的作業流程嗎？試繪圖說明其流程。
4.房務員在進行房務鋪設作業時，其拉床的正確要領為何？試述之。
5.假設你是旅館房務員，請摘述單床房一人住宿時的開夜床方式。
6.房務員在提供開夜床服務時，應注意的事項有哪些？試摘述之。

二、實作題

1.請依拆除床鋪布巾的原則與要領，依序完成：
 (1)床鋪鋪設毛毯的布巾拆除。
 (2)床鋪鋪設羽絨被的布巾拆除。
2.請就「床單包覆毛毯」的方式，完成單人床的鋪設作業。全程作業時間：15分鐘。
3.請就「羽絨被鋪設」的方式，完成雙人床的鋪設作業。全程作業時間：15分鐘。
4.請就旅館加床鋪設作業要領，完成以「床單包覆毛毯」的加床鋪設作業。全程作業時間：15分鐘。
5.請依旅館開夜床服務的作業要領，完成下列開夜床服務：（每單元作業時間7分鐘）
 (1)單床房一人住宿時的開夜床方式。
 (2)雙床房二人住宿時的開夜床方式。
 (3)加床的開夜床方式。

Chapter

6 旅館客房的清潔維護

單元學習目標

- ◆瞭解房務員客房清潔作業的程序
- ◆瞭解安排客房整理的先後順序原則
- ◆熟練客房清潔作業的要領
- ◆熟練客房設備及器具維護的要領
- ◆熟悉客房備品的補充作業
- ◆培養良好的工作態度

現代化的旅館功能乃在提供旅客清潔、衛生、舒適的住宿設施及完善的膳宿服務。無論旅館等級高低，「清潔、衛生、舒適」此三者均為其基本要件，也是現代星級旅館評鑑的重要指標。因此，現代旅館為確保旅館及其客房住宿設施的雅淨舒適與清潔衛生，均設置房務部來專責管理，期以營造旅館溫馨的氛圍。

第一節　客房的清潔作業程序

客房清潔作業的功能乃在提升「客房」產品的服務品質，並確保客房設備及設施能維持最佳狀況，期以提供旅客最舒適的人性化親切住宿設施。此外，客房清潔工作之良窳，也是目前各國旅館服務品質之重要指標。

一、客房清潔前的前置作業

為確保旅館客房的清潔、舒適、安全，旅館的房務作業須依既定的標準作業程序來進行。關於客房清潔前的前置作業，計有下列幾項工作：

(一)報到、換裝

房務員上班簽到後，即要穿好制服，整肅儀容。女性若留長髮者須帶髮網，除了手錶及婚戒外，其餘飾品禁止配戴。

(二)參加房務會報

房務員須前往房務部辦公室參加早上房務會報，接受服儀檢查，領取本日排房清潔表、樓層主鑰匙、旅客名單及呼叫器等物品。

(三)整理樓層走道及公共區域

負責將房客置放在客房前之待擦皮鞋、送洗衣物或餐具先加以收拾整理。

(四)安排打掃客房順序、準備備品及工具

根據住客名單，瞭解今日擬「遷出」、「遷入」之房間，再依照客房住房狀況及房客要求，予以安排房間整理之順序。最後依今日擬打掃房間之數量，

備妥所需備品、布巾、消耗品的數量以及所需工具，並整理布巾車，以利客房清潔工作順暢。

二、旅館客房整理的優先順序

房務人員在安排打掃客房的順序，除了根據「房間狀況報表」（Housekeeping Room Report）（**表6-1**）以外，尚須依房客實際要求來安排客房整理之先後順序。依慣例，客房整理的順序，分別為：

(一)房客來電或親自要求整理的客房

此類客房之清掃整理工作，必須列為最優先。

(二)貴賓房

貴賓房（VIP Room），係指旅館的重要貴賓，且具特別身分者所住宿的客房。

(三)尚未整理，但已銷售的客房

客房尚未整理，唯房間客人已辦好進住登記且正在大廳等候，此類客房稱之為Relet Room或Rush Room。

(四)客房掛上或顯示「請打掃整理房間」牌或燈號

此類客房係指房客掛上「請打掃整理房間」（Make Up Room）牌或按亮上述燈號者（**圖6-1**）。

(五)續住房

續住房（Occupied Room），係指有房客正在使用或住用的客房，簡稱"OCC"，另稱之為Stay Over或Stay Room。

(六)長期住客房

長期住客房（Long Staying Guest Room），係指房客住宿期間超過兩週以上者之客房，簡稱為"LSG"。

表6-1 房間狀況報表

Floor（樓層）：				Date（日期）：				
Room Attendant（房務員）：								
Room No.（房號）	Vacant（空房）	Occupied（續住房）	C/O（遷出房）	VIP（貴賓）	L/S（長住房）	Door Lock'd（反鎖）	No Sleep In（未回）	Remark（備註）
601	VC			V				
602	VC			V				
603		OC			V			
604		OC			V			
605		OD				V		
606	VD		V					
607	VC							
608		OC						
609		OC						
610		OD				V		
612	VC							
613	VD		V					
614	OOO							
615	OOO							
616	VC							
617	VC							
618	VC							
619	VC							
620	VC							

VC：Vacant Clean，代表：乾淨、整理好的空房。
VD：Vacant Dirty，代表：已遷出，尚未整理的空房。
OC：Occupied Clean，代表：已整理好，有房客住的房間。
OD：Occupied Dirty，代表：尚未整理，有房客住的房間。
OOO：Out of Order，代表：故障房間，整修中。

(七)遷出房

遷出房（Checking Out Room），係指該房間之房客已辦理遷出。

(八)空房

乾淨空房（Pick Up Room），係指已整理打掃乾淨，尚未銷售的客房，另

圖6-1　打掃整理房間燈號

稱"Vacant Room"或"Vacant Clean"。

三、客房清潔作業流程

客房整理的順序排定後，房務員即須依照下列程序與步驟進行客房清潔整理工作，其順序為：

(一)清理客房前的準備工作

房務員前往客房清潔打掃前，務必再檢視布巾車或工作車上所準備的清潔工具及客房備品是否正確無誤，數量是否齊全，以免因短缺而再來回補取而浪費時間。

(二)進入客房前的禮節及注意事項

1.到達房間，先以食指與中指之關節輕敲房門。輕聲告知「自己是房務員，要求是否可入內打掃」（Housekeeping, May I come in?）。
2.若連續兩次敲門仍無回應，始可動用主鑰匙（Service Key）開門。若發現客人在房內，則應致歉迅速退出房間。

3.若客房前掛有「請勿打擾」（Do Not Disturb, DND）牌，或門反鎖，則不可進入。

(三)進入客房後的房間清潔打掃作業的步驟

◆以布巾車堵在門口（圖6-2）

房門打開後，以整理房間牌子掛在房門，並將門打開，直到打掃完。

◆客房檢查

檢查客房吧檯飲料、零食等使用情形，若有使用，須速開單；檢查設備、備品器具是否短缺或故障，若有燈泡或設備損壞，立即向領班報告並派人檢修，同時將情況登錄在「房間狀況報表」。

◆門窗打開

打開所有門窗，使空氣流通，若窗戶無法打開，則將空調轉到最低度。

圖6-2　布巾車

◆清理垃圾

清出客房內及垃圾桶內的垃圾，如空瓶罐、果皮紙屑等，並將房內客房餐飲服務所遺置之殘盤餐具移出室外，再送回餐飲部。清理垃圾時，應注意下列事項：

1. 垃圾桶內雜物要先檢視是否有客人不慎遺落之物品。
2. 使用過的垃圾桶要清洗乾淨。
3. 若為續住房，客人物品及桌上東西，即便是小紙條，均不可丟棄，整理整潔即可。
4. 不可徒手伸入垃圾桶拿取垃圾。破碎物品須另外包裝好，並加註記號再丟掉，以免刮割傷。

◆整理床鋪

1. 先檢視床上是否有衣物或物品（**圖6-3**）。若有則將衣物掛起放進衣櫃，再將其他物品收好歸定位。
2. 將床拉出離床頭櫃約45公分，若床是固定，則只要拉出床墊即可，再依標準做床要領鋪床（Make the Bed）。

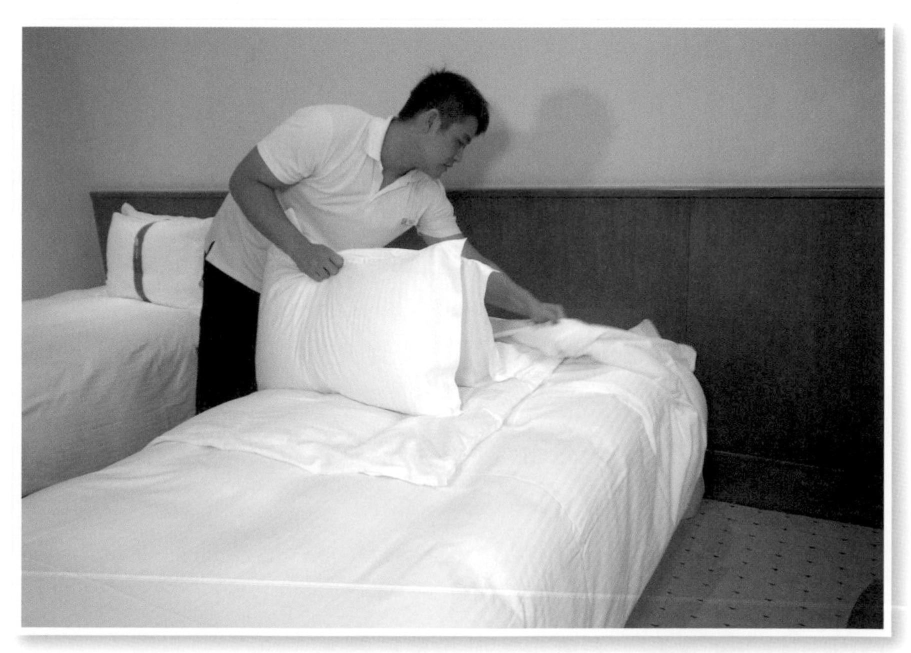

圖6-3　房務員整理床鋪須先檢查是否有衣物或物品

註：本圖由新北市深坑假日飯店協助拍攝。

3.將用過的床單、毛巾、枕頭套拿掉，放進工作車布巾袋。

4.檢查毛毯、床墊布是否汙損，若有則更換送洗，並記錄於「房間狀況報表」。

5.床墊須定期頭尾掉換及前後面翻轉，平均每三個月一次，以免床凹陷或變形。

◆清潔擦拭整理工作

1.客廳或起居室之寫字桌、化妝桌擦拭整理，其步驟為：

(1)先擦拭桌面之灰塵，其要領為先將桌面飾品或擺設備品移開，再由一邊朝另一邊作規律性之擦拭，若有汙垢殘留，可使用穩潔等清潔劑先噴再擦，然後將備品飾物移歸定位。

(2)擦拭抽屜把手、抽屜內部（由內而外擦乾淨），然後再檢查抽屜內之備品是否齊全，並依規定擺放整齊，如：文具用品、針線包等。

(3)擦拭桌椅，由上而下。須留意木質凹入部分之灰塵須拭淨。

(4)最後再擦拭燈座及電線部分，原則上以溼抹布來擦拭其上面之灰塵，唯須事先拔掉插頭較安全，以免發生觸電之意外。至於燈泡部分則以乾抹布擦拭為原則，以免燈泡受潮而爆裂。

(5)若發現有客人遺留物品，立即報告領班，儘速還給客人。若客人已離開旅館，則物品交房務部保管處理。

(6)若房客為長住客，則其抽屜代為整理整齊即可，但勿亂翻閱，整理完畢，將抽屜關好。

2.衣櫥櫃的擦拭步驟，其先後順序之要領為：

(1)先擦拭衣櫥櫃內最上層的置物架、衣架、櫃內抽屜、保險箱、鞋籃、鞋拔、衣刷與其他小器皿等備品上面之灰塵。

(2)檢視衣櫥內燈、衣櫥門之開關，以及衣櫥門的輪軌是否正常，然後再拭去其灰塵。

(3)整理並檢查男女浴袍是否齊全，再依旅館規定，予以掛設整齊，務使標誌朝外。

(4)檢查購物袋、洗衣袋、洗衣單、雨傘、浴袍及拖鞋等是否齊全（**圖6-4**），並略加拭除其上之微塵。

(5)備用枕頭或毛毯，須依規定擺設及拭塵。

圖6-4　衣櫥櫃的備品

(6)若該房客已遷出，則須檢查保險箱內是否有客人遺留物品。如果發現客人遺留物品，則須登錄並告知領班依規定處理。

3.其他客房家具設備的擦拭整理，其步驟為：

(1)房門及房號須以抹布擦拭乾淨。房號牌若是銅質則須擦拭銅油打亮。

(2)牆上壁畫、掛飾須以抹布擦拭。

(3)桌面若有玻璃墊，須每週將底面互換一次。

(4)將燈座、燈罩、窗戶及窗簾等清潔乾淨。

(5)以清潔劑、保養油來擦拭皮質沙發椅面。

(6)以吸塵器或特製刷子來清潔呢質椅面或沙發椅。

(7)銅器須定期每週一次，擦拭銅油打亮。

◆補充客房房間各式備品

1.補充房間內的文具紙張備品。

2.補充吧檯、冰箱之飲料（**圖6-5**）。

◆房間地板打掃或地毯吸塵整理

1.通常旅館地板均鋪設地毯，因此須以吸塵器將室內地毯「由內往外」整

圖6-5　客房迷你吧備品須依規定補充齊

理乾淨，其中以房門口之地毯要特別加強清理。如果有汙垢，則須先去除黏著物，再塗上乾洗溶劑，然後以刷子輕刷毛毯即可去除。

2.如果地板為軟木木質地板，可先剔除汙物，再以除蠟劑、清潔劑或以地板蠟來打磨去除。

3.地板若有破損，則須加以記錄於表中，並報告主管處理。

◆清潔完畢，再最後檢視一遍

客房房間清潔打掃完畢，須再檢視一遍，確認各項備品及整理工作均正確無誤，始告完成。

(四)客房衛浴間的清潔作業

客房衛浴間的清潔打掃作業，其順序如下：

◆清理垃圾、整理布巾

1.先將使用過的備品、空盒等廢棄物，置放垃圾袋內。

2.使用過的毛巾、浴巾或浴袍，放置在工作車布巾袋。

◆噴灑清潔劑，再刷洗衛浴設備

1.先噴灑清潔劑於臉盆、浴缸及馬桶。

2.依序由洗臉檯、浴缸、浴室門、牆壁及馬桶外部，以海綿來刷洗。

3.馬桶內部與馬桶蓋，及座板外部與內緣，須以馬桶刷為之。再以熱水沖洗乾淨後，以乾布擦拭乾淨。

4.浴室門及牆壁沖洗時須由內而外，由上往下，並避免水滲入電源插座。

◆擦拭乾淨

1.任何金屬器皿均須以乾布拭亮，或先塗一點銅油再擦亮。

2.浴室地板、牆壁、浴簾、鏡面、洗臉檯及馬桶外等均須由上往下、自內而外，以乾布將水漬擦乾，不可殘餘水漬痕跡。

3.馬桶消毒、洗淨、拭乾後，再以印有已消毒（Cleaned & Disinfected）字樣之紙條封上，使客人感到衛生又安全（**圖6-6**）。

4.測試吹風機，若有故障須列入登記，並報告領班請修。

圖6-6　已消毒後的馬桶封條

◆補充浴室備品及布巾

1.浴室備品：一般備品，或護膚乳液、潤髮乳、化妝棉、牙籤、棉花棒等須擺整齊，標誌朝上。

2.浴室布巾：浴室布巾有大浴巾、中面巾、小毛巾、腳踏墊等四類。

◆經檢視無誤，才結束離開

結束前，須再最後巡視一遍，確認備品齊全、無遺留毛髮、水珠或水漬，始可熄燈，將浴室門虛掩離開。

綜上所述，客房的清潔作業程序係先打掃臥房、客廳等房間，再清潔打掃衛浴室。其作業原則先打掃整理、擦拭，最後一項步驟為吸地毯。當整個客房清潔工作完畢，在離房前仍須再檢視一遍，以確保零缺點的房務品質。

旅館小百科

房客遺留物品作業要點

房務員在打掃客房時，若發現房客遺留物品，應先通知房務部辦公室，追查確認房客是否已經離開飯店。房務員填寫房間整理表時，也須詳加註記，以便房客來電詢問時回覆。

有關旅館房客遺留物品的作業規範如下：

1.房務員拾獲房客物品時，不可自行判斷價值，必須全數送往辦公室處理，若私自將遺留物占為己有，將依情節輕重懲處或移送法辦。

2.每月底公布當月遺留物清單一次，由房務部辦事員負責。

3.每個月清理一次，拾獲物超過六個月尚未被領回時，依旅館規定處理。

4.房客有來電確認過的遺留物，必須保留到房客取走為止。

5.已開過的酒，若為昂貴的酒類或高級水晶瓶，則委由主管酌情辦理。

6.若是證件或貴重物品，則由房務部主管主動通知房客本人，唯不可未經房客同意即逕自依所留下的地址予以寄回。

7.有關旅館房客遺留物品的保管期限為：

(1)貴重物品：如金銀珠寶、錢幣、名牌包、手機、手錶、證件等，保管期限為六個月。

(2)一般物品：如服飾、字畫、書籍等，保管期限為六個月。

(3)菸酒類：如洋酒、洋菸。如未開封保管期限六個月，已開封者為一星期。

(4)生鮮食品：如蛋糕、鮮花、水果等，保留二十四小時後再丟棄。

第二節　客房設備器具的清潔維護

客房是旅館的產品，也是旅館的心臟。一般觀光旅館客房之裝潢均十分昂貴，如果欠缺周詳的保養維護，不僅影響旅館服務品質，更會縮短其使用壽命，徒增旅館營運上之困擾，以及成本費用之增加。

一、旅館客房設備器具的保養維護

茲分別就客房設備器具的保養方式與主要保養項目，介紹如後：

(一)保養方式

客房設備器具之保養，一般可分為兩種：

1.定期保養：每週、每月、每季及每年，實施不同性質之清潔保養維護工作。

2.不定期保養：係以旅館住房率較低之空檔來實施保養。

(二)保養項目

客房設備器具之保養項目，概可分為下列三大類：

◆電器設備類

1.電話機。

2.音響。

3.電視機（**圖6-7**）。

4.冰箱。

5.中央空調冷氣通風口。

6.浴室排風機。

7.播音喇叭。

◆家具設備類

1.客房木門。

2.木質家具。

3.銅器設備。

4.銀器設備。

5.家具布質配飾。

6.鏡子。

7.玻璃。

圖6-7　客房電視機設備

圖6-8　浴室間浴缸

8.洗臉檯、浴缸（**圖6-8**）。

◆**其他工具類**

房務部之工具用品很多，如吹風機、吸塵器、工具箱、摺疊床及各種布巾車等，均須經常保養維護及整理。

二、電器設備之清潔與維護

旅館客房主要的電器設備，計有電話機、音響、電視機、冰箱、中央空調冷氣通風口等多種，茲就其清潔作業要領，分述如後：

(一)電話機

◆**使用工具**

抹布、棉花、酒精、芳香清潔劑及原子筆尖或細竹籤。

◆**作業要領**

1.擦拭聽筒、話筒及機座：以棉花蘸酒精擦拭聽筒及話筒，尤其是話筒要特別加以消毒。電話機座以清潔劑輕噴灑，再擦拭即可。

2.擦拭電話線：以乾抹布蘸清潔劑，將電話線拉直擦拭即可去除汙垢。

3.電話鍵盤：先以乾抹布套住筆尖或細竹籤，清除鍵盤縫溝之汙垢表面，再以穩潔等清潔劑噴灑，使用乾布拭亮。

(二)音響

◆使用工具

抹布、中性清潔劑及溫熱水。

◆作業要領

1.音響外觀：先以抹布蘸中性清潔液來擦拭外部機殼，然後以溼抹布清除外表殘餘汙垢。最後再以乾淨抹布擦乾即可。

2.音響內部：將抹布蘸溫水輕輕擦拭內部即可，不可用清潔劑等化學物質來清理其機件。

(三)電視機

◆使用工具

抹布、靜電紙巾或高壓空氣除塵器。

◆作業要領

1.先以溼抹布擦拭電視櫃上方、電視櫃兩旁縫隙，以及後方之所有灰塵。

2.擦拭電視櫃內之抽屜，由內而外，以有規則方式逐加拭淨。尤其須留意四周各角落之灰塵。

3.電視機之木質部分：將抹布以熱水洗淨，再扭乾，來擦拭電視機外殼之木質及塑膠部位。至於縫隙可以高壓空氣除塵器來清除積塵。

4.電視機螢幕：電視螢幕避免用溼布擦拭，以免發生危險。擦拭時，須以靜電紙巾，輕拭其外表灰塵即可。

(四)冰箱

◆使用工具

軟質抹布、海綿、中性清潔劑及溫熱水。

◆作業要領

1.須先拔掉電源插頭，以免觸電。

2.將冰箱內所有飲料及物品移出，並檢視內部飲料是否齊全，若有不足則立即補充（**圖6-9**）。

3.將冰箱移出木櫃。

4.製冰盒及冰箱內置物架，先以水清潔沖洗乾淨。

5.以軟布蘸溫水輕輕擦拭內部四周及把手上的汙垢，若汙垢太多，則蘸少許清潔劑去除之。

6.再以乾淨溼抹布將冰箱內壁擦拭乾淨，不可殘留清潔劑。

7.將擦拭乾淨之製冰盒及架子放回原位。

8.最後擦拭冰箱櫃之備品，如保溫瓶、托盤等備品。唯冰箱上方的茶杯、水杯或咖啡杯，若客人已使用過，絕對不可當場在客房吧檯或浴室清洗，而須先更換新品，再將使用過的杯皿送回庫品或備品室再清洗。

9.將冰箱歸位，然後才將各種飲料、物品依規定擺整齊。

10.所有工作完畢，一個小時後才將電源插上，可使冰箱馬達壽命延長。

圖6-9　檢視冰箱飲料是否齊全並補充齊

(五)中央空調冷氣通風口

◆使用工具

鋁梯、乾溼抹布、清潔劑、防鏽油及口罩。

◆作業要領

1.先關掉冷氣電源開關，再將鋁梯置於冷氣通風口下方。

2.戴上口罩，攜帶乾、溼抹布各一條，小心攀上鋁梯。

3.以溼抹布將冷氣通風口之葉片逐加清理，須注意勿太用力，以免異物飛進眼睛或鼻腔。

4.灰塵清理完畢，再以乾淨抹布蘸清潔劑予以擦亮。通風口面板若是金屬，則須塗上防鏽油。

5.將通風口葉片歸定位，打開電源開關，檢視運作是否正常。收拾鋁梯、工具，放回工具間。

(六)浴室排風機

◆使用工具

鋁梯、螺絲起子、清潔劑、刷子、溼抹布及口罩。

◆作業要領

1.先將口罩戴上，再將鋁梯放置於排風口下方，須特別注意穩定度，以免地板滑而傾倒，發生意外，並關閉排風機電源開關。

2.攜帶抹布兩條，攀上鋁梯，以螺絲起子先將兩側螺絲釘卸下。

3.拆下排風機外罩，以清潔劑沖洗刷淨。

4.以溼抹布輕擦拭排風機內部，並將風扇加機油保養。如果面板為金屬製品，則須塗上防鏽油保養。

5.清理完畢，再將排風機外罩裝上並鎖上螺絲，然後將電源開關打開，檢視其功能是否正常，最後再收拾工具離去。

(七)播音喇叭

◆使用工具

鋁梯、清潔劑、亮光蠟、抹布及口罩。

◆作業要領

1.先戴上口罩，將鋁梯架置於播音喇叭下方，留意腳架要穩定。

2.攜帶抹布，攀上鋁梯，以溼布輕拭去外表灰塵，避免灰塵掉落傷及眼睛，再以乾抹布蘸清潔劑擦拭外面喇叭箱蓋。

3.然後再以亮光蠟塗抹，予以打亮為止。清潔完畢，最後再將工具收拾好，置放於工具間。

三、家具設備之清潔維護

茲將旅館客房常見的家具設備清潔維護要領，分述如下：

(一)客房木門

◆使用工具

銅油、不鏽鋼劑、鋁絲絨及抹布。

◆作業要領

1.先以抹布蘸擦銅油，輕拭擦房號銅牌，唯須小心勿將銅油沾到木板門。

2.若銅牌嵌上黑體字，則要小心勿損及字體。

3.以不鏽鋼清潔劑擦拭門把、掛鉤及反鎖鍊，再以乾淨抹布擦亮（**圖6-10**）。

圖6-10　客房木門及把手須擦拭保持乾淨

4.如果汙垢不易清除，再輔以鋁絲絨。

(二)木質家具

◆**使用工具**

抹布、亮光蠟，唯乾、溼抹布須分開使用。

◆**作業要領**

1.先檢視木質家具是否有損壞或脫漆，若有上述情事，則須通知辦公室安排木工先行修繕。
2.先以抹布泡熱水，再扭乾來擦拭家具。然後以乾抹布再擦拭一遍。
3.最後以乾淨抹布蘸亮光蠟予以均勻塗抹，再用力打亮即可。
4.檢視保養部位是否潔淨有光澤，即完成擦拭工作，再將工具收拾好。

(三)銅器設備

◆**使用工具**

寬膠帶、牙刷、銅油、保養油、清潔劑、抹布及舊報紙。

◆**作業要領**

1.先以寬膠帶貼在擬擦拭銅飾四周或兩側，以免擦拭時不慎沾汙其表面。另外鋪設舊報紙於銅飾下方，以免銅油滴落沾黏汙損。
2.將銅油先搖晃使其均勻，再塗抹布上，然後再用力擦磨銅質部位。再以乾淨抹布予以擦拭直到光亮為止。
3.雕花或細縫處，可以牙刷沾銅油輕輕刷，再以乾布擦亮。
4.最後以清潔劑來擦拭其他非金屬部位。

(四)銀器設備

◆**使用工具**

抹布、海綿、擦銀液、擦銀膏及洗銀器。

◆**作業要領**

1.先以海綿蘸擦銀液或擦銀膏，再輕輕擦拭銀器，澈底去除氧化銀之汙斑，但絕不可以菜瓜布來擦拭，以免傷其外表。
2.再以乾淨軟質布加以擦拭光亮，尤其是邊角或間隙部分要特別注意清潔。

3.將擦拭光亮之銀器以水沖洗乾淨，再以軟質抹布拭乾淨，不可殘留水痕或水珠。

4.善後處理工作，須特別注意要將擦拭用布及海綿，以清潔劑洗淨、晾乾再歸定位。

(五)家具布質配飾

◆使用工具

洗衣刷、清潔劑、醋、小水桶、乾溼吸塵器及抹布。

◆作業要領

1.如果係輕微菸蒂燒焦，可以銅幣輕輕刮除，再以刷子蘸清潔劑輕輕刷去。

2.若汙點較大，如沙發椅面，則須將沙發椅面之沾汙部位，予以拆解下來清洗，以免汙染其他部分。

3.若無法拆解或汙染部位不大，則可先將汙損部位打溼，再以洗衣刷蘸水桶內已調好之清潔劑混合液（清潔劑、醋、水）輕輕刷洗。

4.再以清水擦拭一遍，以除去布面殘留之清潔劑混合液。

5.以乾溼吸塵器將水分吸乾，再放置陰涼處自然風乾，但不可曬太陽，以免變色或褪色。

(六)鏡子、玻璃的保養

◆使用工具

玻璃亮潔劑、酒精棉、乾抹布及竹片。

◆作業要領

1.先將玻璃亮潔劑均勻噴灑在鏡面上，噴灑時小心勿碰觸及眼睛，最好離鏡面25公分遠。

2.以質地較柔軟之抹布擦拭鏡面。擦拭時最好以規則方式進行，如打圓方式，由圓心至圓周圍，或上下、左右方式，以免費時費力或遺漏掉某區位。

3.擦拭完畢，須再三檢視。其方法為：

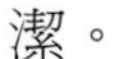

(1)由側邊看，再由下方往上看，即可發現是否潔淨（**圖6-11**）。

(2)由於反光會誤判，避免正視鏡面檢視。

4.若以亮潔劑仍無法清除汙點，則可以竹片輕輕刮除，或以酒精棉擦拭。

(七)燈泡的保養（乾擦）

◆使用工具

乾抹布。

◆作業要領

1.先擦拭燈泡及燈罩上的灰塵。

2.絕對不可以溼抹布擦拭，以免燈泡爆裂。

3.燈具若故障立即登錄，並告知領班請修。

(八)窗台玻璃

◆使用工具

吸塵器、塑膠刮刀、玻璃亮潔劑、亮光蠟及抹布。

圖6-11　浴室鏡面須保持亮麗，無水珠及汙點

◆作業要領

1.先以吸塵器尖型吸管將窗台灰塵清理乾淨。

2.然後以溼抹布擦拭窗台、玻璃框木質部分及擦拭玻璃灰塵。

3.以亮潔劑噴灑玻璃，力求均勻，並以乾淨抹布擦拭。

4.窗台、木框等部位，須以亮光蠟再用抹布來打磨光。

5.旅館外邊玻璃若無法由內擦拭，可使用塑膠刮刀來清理灰塵，但嚴禁攀爬到外邊擦拭，以免發生意外。

6.整理完畢，須再三檢視，確定沒問題始可收拾工具歸定位。

(九)洗臉檯檯面的保養

◆使用工具

亮光蠟、美容蠟、刀片及抹布。

◆作業要領

1.先將洗臉檯檯面上的備品、飾物移開。

2.以刀片或薄鋼片，將檯面沾黏物刮除。刮除表面汙垢時務必小心，須斜面來操作，避免刮傷檯面。

3.以溼抹布先擦拭，再以乾抹布來擦拭。

4.接下來保養工作乃塗抹亮光美容蠟：

(1)白色大理石檯面或陶瓷檯面，以亮光蠟來保養，再以乾抹布打磨光澤。

(2)黑色大理石檯面，以「美容蠟」塗抹均勻，再以乾布打磨光亮即可，但不要使用亮光蠟，以免留下蠟痕。

(3)如果是大理石或陶瓷浴缸，不可再塗亮光蠟或美容蠟，以防客人不慎滑倒，造成意外傷害。

5.清理完畢，再將所有備品歸定位擺放整潔。

6.經檢視一切均無問題，再收拾工具，並置放於工具室。

(十)客房地毯的清潔保養

◆使用工具

吸塵器、剪刀、刷子（牙刷）、抹布及清潔劑。

◆作業要領

1.先將吸塵器電線解開，並確認開關為關閉（off），始可插入插頭。

2.由房間最內側開始，以規律的路徑，從內往外吸塵，始可避免重複及浪費時間（**圖6-12**）。此外，尚可避免踐踏已吸過的乾淨處。

3.若發現地毯上有線頭外露，則須以剪刀修剪平整，若地毯上有水漬、茶漬時，則須先將水吸掉，並記錄地毯汙漬狀況，另外再處理去汙的工作（可以用清潔劑噴灑汙垢處，再以牙刷刷乾淨）。

4.若發現地毯有破損或燒焦痕跡，必須記錄下來，並報告領班處理。

5.吸塵完，必須再檢視各項家具用品是否歸定位，確認無誤，始完成地毯吸塵工作。

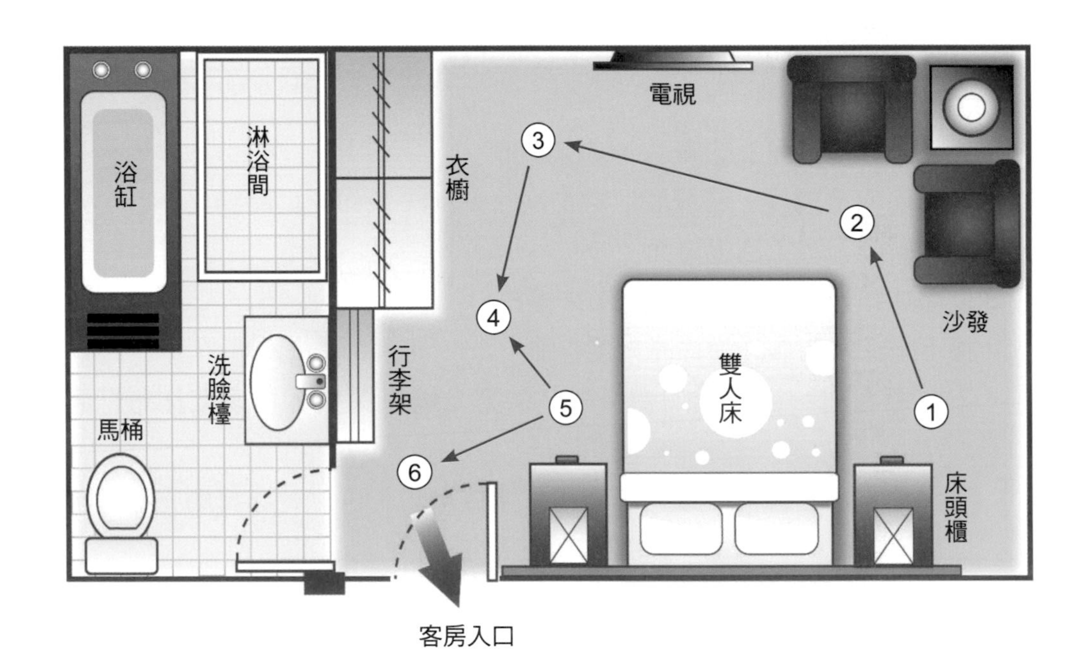

圖6-12　客房地毯由內往外吸塵

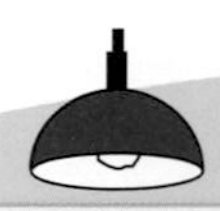

旅館小百科

按摩浴缸的清潔維護

目前有部分旅館的浴缸係採用按摩浴缸，此類浴缸的構造較複雜，它係將浴缸內的水經由馬達啟動吸水管路，再運用幫浦壓縮原理，將吸水管路中的水予以壓縮使其進入放水管路，再與空氣管路的空氣混合，由噴嘴口以高壓噴射而出。

按摩浴缸係以上述吸入噴出之連續水循環原理，來達到消除肌肉酸痛及刺激新陳代謝。此外，更具有洗淨療養之效。

房務員在清洗按摩浴缸時，宜避免使用菜瓜布或強鹼強酸類之清潔劑，以免刮傷或浸蝕按摩浴缸之琺瑯質表面及金屬設施。最好以中性清潔劑加入置放熱水的浴缸中，再啟動開關使其轉動3～5分鐘即可達清洗之功。事畢再將水排掉及擦拭乾淨，即完成清潔保養工作。

第三節　客房備品的補充作業

旅館客房備品是目前國內外旅館，為滿足旅客住宿體驗而提供的日常生活用品。由於消耗性備品旅客可帶走，因此必須隨時補充至定量。此外，有些旅客也會將不可攜帶走的非消耗性備品，私下取走作為紀念。為避免客房備品之短缺或不足，目前各旅館均有一套備品控管及補充的作業，茲擇其要予以介紹。

一、客房備品的補充作業

為維持旅館的服務品質，確保客房備品能如數成套齊全地供應。一般而言，均採取下列作業方式：

(一)訂定旅館客房備品置放區及擺設規定

1.國內大型旅館客房備品，大部分均分別置放於客房、浴室、衣櫃等三區。

圖6-13　旅館衛浴間備品的擺設方式

2.每家旅館均有其特定的統一擺設方式（**圖6-13**），以彰顯其品牌形象，如旅館標誌一律朝正面，備品井然有序以幾何圖形擺設陳列等均是例。

(二)規定各區客房備品的明確項目與數量

一般而言，常見的客房備品及浴室備品之供給項目為：

◆客房備品

信紙、信封、明信片、便箋、意見表和鉛筆等。

◆浴室備品

洗髮精、沐浴乳、香皂、牙刷牙膏、浴帽、梳子及刮鬍刀等，若再加上護膚乳液、潤髮乳、棉花棒、化妝棉及牙籤，即為加值服務。至於浴室置放毛巾備品數量之規定，通常係端視客房類別而定。例如：

1.標準房及單人房：大、中、小毛巾各兩條。大毛巾另稱浴巾；中毛巾另稱面巾；小毛巾另稱手巾或小方巾。
2.套房：大毛巾四條；中、小毛巾各三條。
3.雙人房：大毛巾四條、中毛巾三條、小毛斤兩條。

(三)巡視檢查備品項目，確保一致性的服務

1.進入客房後，採順時鐘或逆時鐘方向，依序檢視房間各區應有的備品。

2.若發現有缺損或不足者，立即記下所缺或待補的備品項目及數量，以便即時補充。

3.試用書桌上的筆或原子筆，確認是否良好。

4.檢查所有加附封套的文具紙張、指南等的數量是否短缺。若有客人使用過的備品，應即抽出更新。

5.衛生紙等消耗品須注意其剩餘量。如衛生紙、面紙等若僅剩下三分之一，即須更換。此外，衛生紙前端須摺成三角形狀，較為美觀且便於客人使用（**圖6-14**）。

(四)備品補充歸位

1.自備品車或庫房領取所需增補的備品，再依規定放置在正確的位置。

2.確認補充品的標誌或標籤，依規定應朝上或向外擺設，以力求擺設一致性。

圖6-14　衛生紙前端須摺成三角形較為美觀

(五)其他特別事項的處理

1.客房備品或器皿，若發現遺失或損壞則需記錄在「房間狀況報表」上，並告知領班填報銷單，並申領新品，以利即時補充。

2.物品遺失或損壞的房間，若是遷出房時，則應報請房務部辦公室作適時的處理。

(六)填寫「房間狀況報表」

1.依規定詳填報表各欄位，如日期、樓層、房間狀況、時間及備註等。

2.「房間狀況報表」上的備註欄，須詳載：布巾更換、備品補充、物品遺失或損壞、需報修或保養等特別注意事項。

二、客房備品的補充與控管

為確保旅館客房備品能適時、適量、適質及成套齊全的順利供應，務必遵循下列客房備品的補充與控管作業：

(一)設置備品庫房或樓層備品室，加強備品控管

1.依我國「觀光旅館建築及設備標準」第十條規定，觀光旅館每層樓其客房數在20間以上者，應設置備品室一間。

2.庫房或備品室每日須定期整理，備品須分類儲存，排放整齊，以利發放及盤存清點。

3.每個月固定兩次補充庫房或備品室內的一般客用消耗品及清潔用品。

4.每個月應定期盤點庫存量，並依規定填報房務部辦公室，以利備品存量控管及成本控制。

(二)加強備品車及工作車的維護管理

1.每日下班前須將備品車及工作車清理乾淨。此外，每月須定期保養一次，以維護備品補充作業之品質與效率。

2.備品車及工作車上的客房備品（**圖6-15**），須依規定擺設整齊，並隨時清點存量，以利控管。

圖6-15　布巾備品車

(三)加強客房備品庫存量之盤存與控管

1. 房務部樓層領班每月底，須會同有關單位主管共同盤點布巾、備品之存量，並填報備品盤點表，再由房務部辦公室依據各樓層備品盤點表上的庫存量，予以統計旅館備品的總庫存量。
2. 當客房備品總庫存量低於「安全庫存量」時，則須立即採購以補充新備品，以免造成客房備品短缺，因而無法及時補充之困擾。

第四節　客房清潔作業的機具設備

旅館房務人員為求克盡職守，扮演好客房清潔維護者之角色，除了須有清潔作業等之機電設備外，最重要的還是傳統的手工具清潔用具，也唯有仰賴人工操作之工具與器皿，始能將房務清潔工作做好。茲將房務部人員常用的器具材質、特性以及選購原則分述如下：

一、常見的客房清潔器具設備

旅館房務人員為確保旅館環境之整潔，提供旅館乾淨衛生、安全舒適的客房住宿體驗，因此必須仰賴一些重要的清潔器具設備，以善盡清潔維護之責。

(一)房務工作車（Housekeeping Working Trolley）

房務工作車係房務部清潔人員最重要的一項設備，所有旅館房務工作之能否順利推展，幾乎均要借重此車（**圖6-16**）。

樓層房務員每天在清理客房之前的準備工作，就是先整理其工作車。每位服務員均有一台工作車，他必須根據其今日要打掃的房間數多寡，來準備所需之備品種類及數量，如床巾、大毛巾、中毛巾、小毛巾、枕頭套等各種布品，以及文具、衛浴消耗用品等，並將工作所需清潔用品、工具等均詳加檢查後，再搬上車。易言之，此部車即為房務員工作之主要夥伴，也是一種活動庫房。由於每家旅館依其需求之不同，所購買之房務工作車規格也不一樣。茲就其特性介紹如下：

1.為避免工作車移動時發出聲響妨礙客房安寧，工作車的輪子均以膠輪為

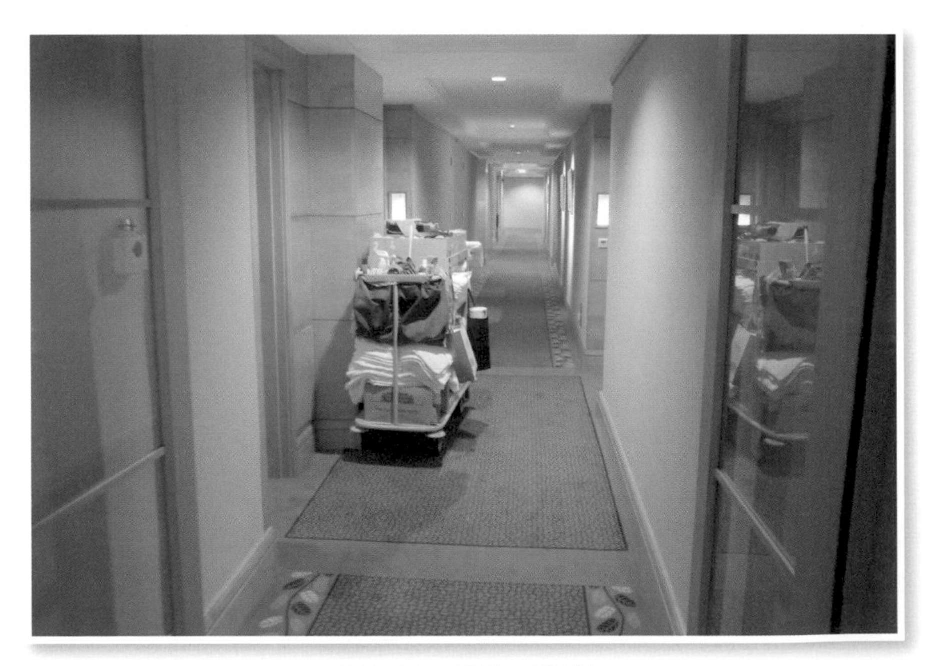

圖6-16　房務工作車

主，移動方便靈活。

2.此車移動迅速，為便於工作中車身能固定，均附設煞車裝置，不會因地面不平而滑動。

3.布巾放置區之隔層架可調整上下高度。

4.為力求美觀及衛生，房務工作車之車身有些還設計活動門可開啟，也可上鎖。

5.此類多功能房務工作車結構可視旅館需求而訂製，其備品放置方式端視各旅館實際需求而定。常見者為：頂層放置杯皿、礦泉水、飲料罐及衛浴備品；車身上層放置各式毛巾、衛生紙及文具印刷品；中間層放置單人床單、枕頭套、床墊布；下層擺雙人床單及套房毛巾。此外，車身前後各加掛垃圾袋、送洗布巾袋、清潔工具與設備。

(二)吸塵器（Vacuum Cleaner）

吸塵器本身由於功能不同，有些僅能吸灰塵，有些尚可吸水，乾溼兩用，而有各種大小不同之規格，不過其結構大致一樣，係由吸頭、吸管、機體、電源線等四部分組合而成。

通常吸塵器之選購須考慮其最大輸出功率至少1,200瓦以上，較適合客房房間清理工作。至於小型吸塵器可供作為清理家具與電器產品除塵之用。吸塵器之使用須注意下列幾點：

1.避免吸入圖釘、鐵片、碎玻璃等尖銳堅硬之物，以免損壞機體。操作時須以規律性方式，由內而外、由上而下，或由一邊至另一邊來吸塵（**圖6-17**）。

2.每當工作完畢，須立即清除集塵袋，並清理吸頭毛刷上之毛髮、棉絮等雜物。

3.如果吸塵器電線無自動捲線裝置，則要以順時鐘方向纏繞整齊，避免打結，以防線路故障。

4.機體馬達要每年定期保養一次，以延長其使用年限，確保其性能。

5.操作吸塵器之前，宜先關閉機體開關，再插上插座。操作時，須注意避免電線絆倒他人。

圖6-17　吸塵器操作時應以規律性方式進行

(三)地毯清潔機（Carpet Cleaner）

此類地毯清潔機，通常均使用在走道或空間較大的場所，如旅館客房之客廳及旅館大廳。此設備係由吸盤、機身水箱、吸水馬達所組成，有些則附有清潔劑自動噴灑器，其操作要領同前述吸塵器。唯操作時，須先將地面上的器皿先移開，待清潔完成再移歸定位。

二、客房清潔手工具

房務人員常用的清潔工具，除了前述各項器具設備外，尚須借重於下列傳統清潔工具。茲列舉其要，摘介於後：

(一)刮刀

通常係以塑膠刮刀（圖6-18）來清理客房外部之玻璃。此類刮刀有長、短兩種規格。

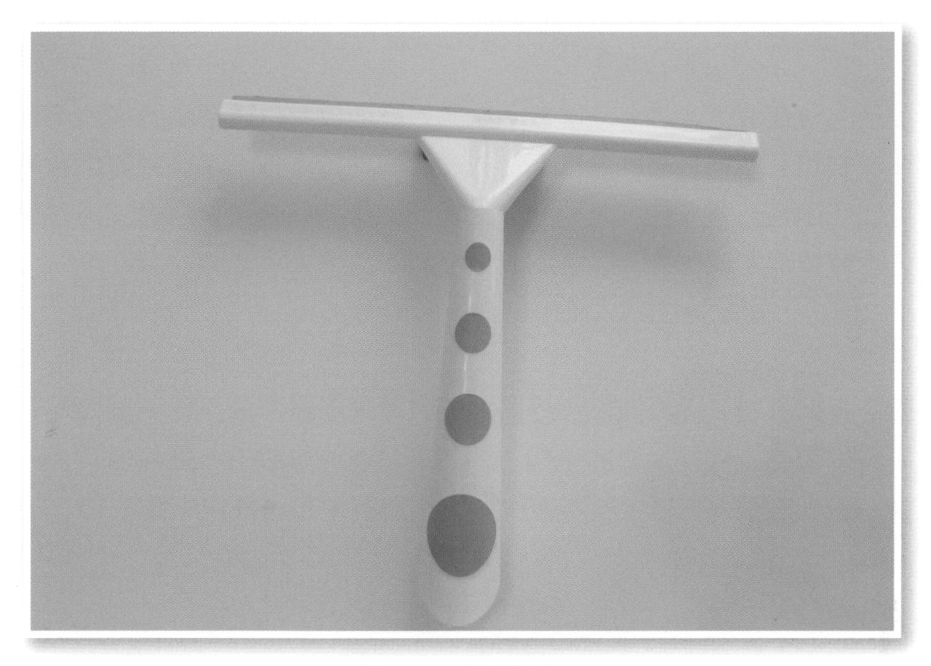

圖6-18　塑膠刮刀

(二)小刀及剪刀

房務人員須隨身攜帶可摺疊式小刀，如瑞士刀，或多功能之剪刀，以應清潔工具之需。

(三)掃帚及畚箕

每日房屋清潔工作，房務員均少不了此套清潔工具。掃帚之規格很多，材質也不一，在選用時則須考慮其性能。一般均以竹製品、棕毛製品及塑膠合成纖維為多，原則上可考慮塑膠合成製品較方便實用。

(四)抹布

抹布是房務員使用頻率最高的工具，大部分旅館均以其報廢的布巾，加以裁製成抹布來利用。不過，旅館之布巾材質均不一樣，如果要作為抹布來使用，必須挑選吸水性強，不易掉落毛絮之棉織布，絕對不可以尼龍布或TC混紡織布來裁剪作為抹布。

(五)拖把

房務人員在清潔客房浴室地板、旅館大廳地板或公用樓梯等場所均需要此工具。其材質有布料、紡紗纖維與合成橡膠海綿等多種。其選用原則須考量拖把本身之吸水性及輕便性，以利地板之清潔工作。此外，要注意其清理是否方便，是否會掉棉絮或雜物，以免造成工作額外負擔。

(六)靜電拖把

此類拖把較適於平坦地板及房間地毯之清潔維護保養工作。其優點為較輕便，不會引起塵土飛揚，對於毛髮、棉絮之清理最具效果。唯每當清潔一次即要更換一張至數張靜電紙，成本較高，可採用靜電布質拖把（**圖6-19**）。

圖6-19　靜電布質拖把

(七)鐵絲絨毛

此工具體積小，但效益大。可用來去除不易清除之斑點、汙垢，但對於精緻家具或銀器則不適合，因為容易傷其表面而留下刮痕。

(八)海綿

海綿吸水性強、質地柔軟，極適於清理浴室之浴缸、洗臉盆、水龍頭及其他客房設備。唯海綿不適於木質類家具或電器類設備之擦拭，以免造成木料浸水或電器受潮短路。

(九)刷子

刷子有長、短刷之分，可清洗浴室便器、馬桶、浴盆、浴室地板及牆壁。其材質有塑膠、竹子、豬鬃、動物毛及鐵絲絨等多種。長刷適於刷洗浴室地板或牆壁；短刷適於一般小面積器皿之刷洗或長刷不易刷洗之隙縫角邊。此外，尚有清洗馬桶的專用刷（**圖6-20**）。

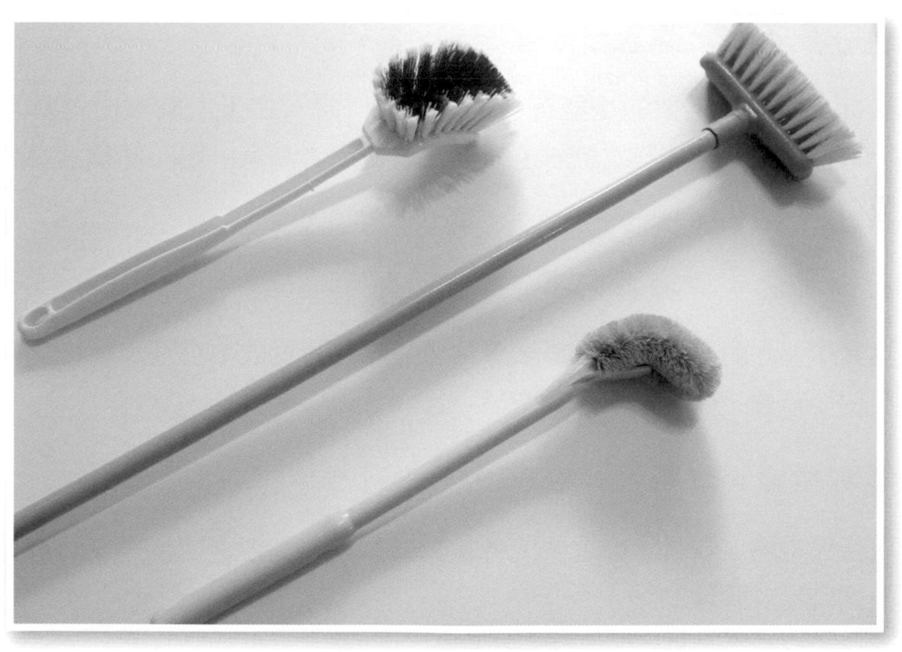

圖6-20　長刷及短刷

(十)水桶

塑膠小水桶約20公升左右，便於攜帶清洗。

(十一)籃子

房務清潔工作需要很多清潔用品及各式備品，為了裝盛搬運方便，往往以塑膠籃框來置放各種零星用品或清潔用品。

(十二)其他

其他清潔工具，如橡皮手套、清潔劑、吹風機、螺絲起子及工具箱等均屬之。

三、房務清潔器具之選用原則

客房清潔器具在選用或購置時，除了須考量器具之材質與功能特性外，尚須遵循下列幾項原則：

(一)符合使用者之需求

器具之購置最重要的是能符合使用者之需求，如果所購置之器具功能欠佳，不適合房務清潔工作之需，必定無法讓使用者滿意，屆時此項器具將形同一堆廢物，徒占空間而已。

(二)符合經營管理者之需求

器具須堅固耐用，便於維修與零件更換，其購置成本合理，耗材耗電少。此外要便於存放，勿占太大儲藏空間。

(三)器具須符合實用性、安全性及便利性

房務部選購之器具，最重要的考量為器具本身是否實用，操作簡單、安全性高，同時易於管理維護。

學習評量

一、解釋名詞

1.Relet Room

2.Make Up Room

3.VD

4.OOO

5.DND

6.Housekeeping Working Trolley

二、問答題

1.如果你是旅館房務員，你將會如何來安排客房整理的先後順序？

2.房務員在進入客房打掃前，須注意的事項及禮節有哪些，你知道嗎？試述之。

3.房務員進入客房執行客房清潔作業的步驟為何？試摘述之。

4.客房衛浴間常見的備品及布巾有哪些？試述之。

5.假設你是旅館房務員，當你在打掃客房時發現浴室內的吹風機遺失，請問你將會如何處理？

6.如果你是房務部經理，當你在選用房務清潔器具時，請問你將會考慮哪些問題？試述之。

Chapter 11

旅館公共區域的清潔維護

單元學習目標

- ◆瞭解旅館公共區域設備的保養方式
- ◆瞭解旅館大廳清潔保養的要領
- ◆瞭解旅館客用電梯清潔維護要領
- ◆瞭解天花板及通風口的清潔維護方法
- ◆熟練旅館客用廁所的清潔作業
- ◆培養良好安全衛生工作習慣

旅館的公共區域其範圍極廣，占地也最多，如旅館大廳、客用電梯、客用洗手間、走廊、休閒健身中心及旅館四周等均屬之。易言之，旅館的公共區域為旅館門面，也是旅館服務品質的形象表徵，為確保旅館公共區域的整潔、亮麗，並藉以維護區域內相關設施、設備及家具用品的使用壽命，大部分旅館均將此清潔維護工作委由房務部公共區域清潔組來負責。

第一節　旅館公共區域設備的清潔保養

現代觀光旅館的硬體設備相當多，其價格均十分昂貴，尤其是公共區域的接客大廳設備（**圖7-1**），如果欠缺周詳的保養維護，不僅會影響旅館品牌形象及營運困擾，同時也會徒增旅館財物之負擔。茲將旅館公共區域設備之清潔保養作業予以摘介如下：

一、公共區域設備的清潔保養方式

為確保旅館設備能發揮其最大邊際效益，進而彰顯旅館的功能與價值，每一家旅館均訂有非常詳盡的設備清潔維護之保養作業，其清潔保養方式計有：

圖7-1　旅館大廳須隨時保持整潔亮麗

(一)平時的日常清潔維護

原則上，公共區域清潔人員每天須依據清潔區域檢查表及清潔巡視表所列的項目，每天至少一次以上，針對公共區域的地面、地毯、鏡面、玻璃、電梯、落地窗、大門入口腳踏板、燈具、壁畫、古董、雕飾及桌椅等家具設備，依清潔維護要領予以擦拭打掃，並定時巡視，以維護公共區域的整潔。

(二)定期的固定保養維護

旅館房務部除了日常平時清理外，另外每週、每月、每季及每年，均會針對旅館設備實施不同性質的保養維護。例如：每週對銅飾品上油打亮、古董飾物保養清點、旅館外部玻璃全面擦拭，並對整個旅館做一次全面性清潔工作；每月針對日常無法清理的設備予以澈底清潔保養一次，如玄關不鏽鋼之上油打光、大廳家具上油保養、大廳吊燈清洗，以及冷氣出風口與回風口的清理保養；每季針對旅館外牆、招牌、澈底清潔保養，此工作因涉及高度危險性及專業性，故大部分旅館均委託館外領有專業合格證照的清潔公司來負責，其費用甚昂貴（**圖7-2**）。

圖7-2　旅館外牆委外定期保養

二、公共區域設備的清潔維護作業

旅館公共區域的範圍廣，設備多且種類互異，茲分別針對旅館大廳及客用電梯之清潔維護作業，說明如下：

(一)旅館大廳設備的清潔維護

1.須依旅館大廳檢查表上各區域的環境及設備項目，逐加清掃擦拭整理。如櫃檯接待區、等候區與走廊等公共區域之垃圾清理、玻璃及家具擦拭。

2.擦拭大廳玻璃門窗框架、大門鏡面及上下門把，確保光亮無手印。

3.大廳公共區域大理石地板，須隨時以靜電拖把來拖地除塵，確保地面光澤亮麗（**圖7-3**）。

4.大廳地毯須以吸塵器由內往外，採規則性方向吸塵，尤須特別注意家具底部及牆壁角落之灰塵。

5.大廳盆景須按時修剪及澆水，尤須注意枯葉及落葉之撿拾。

6.大廳桌燈、立燈、壁畫及古董飾物之清潔擦拭，並注意電源開關、燈具或設備是否故障。若發現異常現象，須立即填「請修單」報請檢修，並

圖7-3　旅館公共區域地板須隨時以靜電拖把除塵

負責追蹤請修結果。

(二)旅館大廳客用電梯的清潔維護保養

◆清潔維護保養準備作業要點

1.清潔維護保養的時間，儘量利用非營業時間或客人較少的時間為之。

2.清潔維護前，須確認電梯內無客人，且每次以一部電梯為原則，以免造成旅客的不便。

3.電梯保養前，須在電梯外放置清潔保養中的指示標誌（**圖7-4**）。

◆電梯清潔維護的作業要領

1.電梯外部的維護保養係在各樓層電梯間為之，至於電梯內部的清潔保養則須將電梯固定於地下室為之，以免影響觀瞻。

2.電梯外部的清潔，須先以清潔劑由上而下，並在門板上均勻噴灑，再以乾布由上而下，以規律的方式用力擦拭乾淨亮麗，直到無任何手印或無殘漬汙垢為止。

3.電梯外部或門框若有不鏽鋼的材質，則須以不鏽鋼清潔劑來保養擦拭。

圖7-4　清潔保養標誌架

4.電梯內部清潔時，須在地下室電梯口外，先放置電梯保養中的工作標誌牌，並將電梯開關定格在暫停鍵。

5.電梯內部清潔作業的程序為：先清理地板垃圾或雜物，再以清潔劑在內部門板、面板上下均勻噴灑，最後再以乾布拭淨。

6.電梯內部鏡面須擦拭明亮，無任何殘垢，最後再以靜電拖把或吸塵器清理地板或地毯。

◆清潔善後整理檢視

1.電梯清理保養完畢，須將內外工具收拾歸定位。

2.檢視電梯開關及燈具是否正常，確認無誤始可離去，並將電梯開關復原正常，將電梯停在大廳備用（**圖7-5**）。

◆定期消毒

旅館大廳客用電梯除了平時的清潔維護保養外，也會定期（每週或每月）固定消毒一次。其作業方式係以消毒清潔劑，如薄荷綠水（Hanwai Cleaner）來擦拭或噴灑電梯內部；有時也可使用酒精棉來擦拭消毒電梯控制面板及按鍵鈕。尚有部分旅館在電梯內裝設藍紫光滅菌淨化系統（Ultraviolet Germicidal

圖7-5　電梯清潔保養後須將電梯停在大廳備用

Irradiation, UVGI），可有效淨化電梯空間，避免交互感染機會。此外，旅館每月會安排一次旅館蟲害防治消毒，委請館外領有環保局核發執照之簽約廠商來進行消毒工作。

旅館小百科

地毯汙漬的處理要領

房務人員平時清潔工作均會使用吸塵器將旅館樓層地毯予以吸塵清潔。唯有些汙漬須以特別的方法始能有效除汙，說明如下：

一、咖啡、茶、巧克力、果汁、飲料與醬汁

1. 此類液體之汙染，須先以抹布或紙巾吸去殘餘液體或移除半固體物，再以乾布吸乾。
2. 以刷子沾清潔劑或清潔劑摻醋及水的混合溶液來刷洗。
3. 待地毯乾後，再以毛刷輕輕刷除地毯表面汙漬處。

二、口香糖

1. 先以塑膠袋裝冰塊或使用凝固劑將口香糖凝固，約5分鐘後待其冰凍變硬。
2. 然後以刀片及溶劑予以去除。

三、血漬

1. 先以紙巾拭乾血漬。
2. 以抹布沾冷水或清潔劑溶液擦拭再吸乾，視汙染情節反覆數次即可。
3. 待地毯乾燥後，再以刷子輕輕刷除地毯表面。

四、油漆、口紅、蠟筆或柏油等重油脂汙染

1. 先以抹布沾乾洗液（松香水）輕拭油脂汙垢。
2. 再以乾淨布塗上清潔劑、醋及水的混合液來擦淨。若尚有殘漬，可待其乾後，再以乾洗液及刷子來刷除。

第二節　天花板及通風口的清潔保養

旅館客用化妝室、客用更衣室與樓層走廊等公共區域的天花板及通風口等設備，常因水氣凝結及平時較難以清理的關係而累積塵埃或汙垢，因此旅館均會安排時間來從事各項保養工作，以維護天花板等設備清潔。

一、天花板的清潔保養

旅館公共區域空間的天花板，其保養方式可分定期與不定期保養等兩種。定期保養通常分為每週、每月、每季或每年的週期性保養；不定期保養則視房務工作情況而安排的平時清潔保養。

(一)定期保養

◆使用工具

鋁梯、海綿、清潔劑、溼抹布、竹片及水桶等。

◆作業要領

1.先將鋁梯置於天花板下方的地板或地毯上，須特別注意鋁梯腳架要平穩，以免因地滑傾倒而發生意外。

2.攜帶熱溼抹布並攀上鋁梯，以熱溼抹布輕拭天花板上之灰塵或積垢，唯須注意勿太用力，以免異物或落塵掉落而傷及眼睛。

3.擦拭過程須將抹布不時換面或清洗乾淨，避免造成反效果而愈擦愈髒。

4.特汙處或有沾黏異物時，可先以竹片或寬邊刀片，以傾斜約45度的方式輕輕刮除之，避免刮傷天花板。然後再以海綿沾去汙清潔劑來擦拭殘汙痕，並以熱溼抹布再加拭淨即可。

5.清潔完畢須再檢視一遍，確認無誤後，再將鋁梯及清潔工具收拾好，置放於工具間歸定位。

6.如果在擦拭過程中，發現天花板有裂縫、破損或變色等情節時，則須詳加記錄並報告房務部領班或房務部辦公室，以利派員立即檢修。

(二)不定期保養

為確保旅館服務品質，房務人員除了定期保養天花板之清潔外（圖7-6），平時也會運用房務較不繁忙時段來進行不定期的清潔保養，以提供房客乾淨舒適的旅館空間環境。旅館房務部平時所實施的不定期保養，其作業較簡單，茲介紹如下：

◆使用工具

靜電拖把或長柄拖把。

◆作業要領

1.拖把擦拭天花板時須以規則的方式，如由左而右，由上而下或由內而外的方向來擦拭天花板上的積塵。
2.擦拭時，動作宜輕，速度要慢，以免灰塵散落地板或掉入眼睛。
3.擦拭過程中，若發現拖把上的靜電紙或靜電布髒時，須立即換另一面或重新更換靜電紙或靜電布，再繼續進行擦拭工作以防交互汙染。
4.擦拭清理後，若經檢視確認無誤，再收拾拖把及清潔工具，再依規定存放定位。

圖7-6　天花板要定期清潔保養

5.若發現天花板破裂、脫離或龜裂時，須立即記錄並報告房務部辦公室或領班，以便立即派員檢修。

二、天花板通風口的清潔保養

為維護旅館環境及空調之品質，旅館房務部均會針對天花板上的通風口實施定期與不定期的清潔保養，其作業方式如下：

(一)定期保養

◆使用工具

鋁梯、乾及溼抹布、清潔劑與防鏽油等。

◆作業要領

1.先關掉冷氣電源開關。

2.將鋁梯置於冷氣通風口下方。

3.攜帶乾、溼抹布各一條，小心攀上鋁梯。

4.以溼抹布將冷氣通風口之葉片逐加清理，須注意勿太用力，以免異物飛進眼睛或鼻腔。

5.冷氣通風口（**圖7-7**）有出風口與回風口等兩種。出風口僅須將葉片及風口四周灰塵拭淨即可，唯回風口的內部尚有海綿濾網，由於每日運送風及冷氣難免累積塵埃或水氣，若長期未加處理則會產生發霉現象及積垢。其處理方式為：

(1)以溼抹布先清理外表積塵，再以乾抹布拭淨。

(2)若有特汙處則須以沾有肥皂水或去汙劑之抹布，予以仔細擦拭乾淨。並依旅館規定處理，如將其卸下浸泡於清潔劑溶液中，再澈底去汙除垢，俟清理乾淨且濾乾後，再將海綿濾網歸定位。

6.灰塵清理完畢，再以乾淨抹布沾清潔劑，將通風口葉片予以擦亮。

7.通風口面板若是金屬，則須塗上防鏽油。

8.將通風口葉片歸定位，打開電源開關，檢視運作是否正常。

9.收拾鋁梯、工具，放回工具間。

圖7-7　冷氣通風口

(二)不定期保養

房務人員平時均會針對公共區域天花板上的通風口實施不定期的清潔擦拭，其作業方式如下：

◆使用工具

靜電拖把或長柄拖把。

◆作業要領

1.首先關掉冷氣電源開關。

2.以長柄靜電拖把將通風口外表之積塵或水氣，輕輕地以左右來回方式拭淨即可。唯須避免太用力，以防灰塵掉入眼睛或吸入鼻腔。

3.擦拭乾淨後，須再調整通風口上之葉片，依旅館規定的吹氣方向來加以調整。

4.打開電源開關，檢視運作是否正常，經確認無誤後，再收拾工具並放回定位。

第三節　旅館客用廁所的清潔

旅館公共廁所主要可分為客用與員工用等兩大類，前者係由房務部公共區域清潔人員來負責清潔工作，至於後者員工廁所的清潔維護，部分旅館係由總務部或責由相關部門派員協助清潔，唯少部分旅館仍由房務部公清人員來負責。本單元將就旅館客用廁所之清潔維護作業程序，分別摘介如下：

一、清潔前準備

公清人員須先備妥各項清潔工具及備品，如馬桶刷、海綿塊、抹布、菜瓜布與清潔劑等工具，以及擦手紙、洗手乳、衛生紙與衛生袋（女廁所）等備品。其清潔前準備工作為：

1.將清潔告示牌擺在客用廁所門口，提醒客人清潔打掃中（**圖7-8**）。
2.確定廁所無客人，才可開始清理。

圖7-8　廁所清潔告示牌

3.先收集垃圾，並集中置放於門口垃圾袋內。

二、清潔作業程序及要領

客用廁所之清潔作業其程序及要領，分述如下：

1.依「客用廁所檢查表」（**表7-1**）所列項目，加以逐項清理。

2.先噴灑清潔劑於洗手槽、馬桶、馬桶蓋及馬桶座上，再以菜瓜布或海綿刷洗，並注意是否有阻塞情事。若有此現象，則須填請修單，請工務部派員清理。

3.以抹布拭乾洗手槽及馬桶蓋。

4.沖洗地板、牆壁，以洗潔劑將牆壁、男便池、洗手檯噴灑並刷洗乾淨，再以清水沖乾淨（**圖7-9**、**圖7-10**）。

表7-1　客用廁所檢查表

時間 項目	日期：															
	07:00	08:00	09:00	10:00	11:00	12:00	13:00	14:00	15:00	16:00	17:00	18:00	19:00	20:00	21:00	22:00
垃圾桶																
馬桶																
衛生紙																
衛生袋																
小便池																
牆面																
擦拭鏡面																
洗手檯																
植物																
補充備品																
洗手乳																
電燈泡																
地面清潔																
通風口																
簽名：												主管覆核：				

圖7-9　客用廁所洗手檯須隨時保持乾淨

圖7-10　便池須刷洗、消毒乾淨，不得有異味

5.以乾抹布擦乾所有洗刷的設施及設備，並將鏡面擦拭光亮。

6.將垃圾袋更換新的、並補充備品，如擦手紙、洗手乳、衛生袋（女廁所）、衛生紙及清香劑等備品。

7.衛生紙的量若不足三分之一，均需更換新的，並將捲筒衛生紙開口端摺成三角形。

三、善後整理

客用廁所清潔作業完成後，其善後工作為：

1.將清潔工具收拾妥當，並將廁所入口腳踏墊歸定位。
2.檢視廁所燈光、消防設施及開關等是否正常，最後檢視一切無誤，再於客用廁所巡視表上簽名，以示負責。

四、定期消毒

旅館公共廁所客人流量大，為旅館公共區域中最容易交叉汙染的地方。雖然旅館每天均會派員負責清潔打掃及消毒，唯長期下來，難免會有累積殘留的汙垢或尿漬。因此，除了平時清潔保養外，旅館對於公共廁所等館內場所環境設施均訂有定期消毒日，其作業方式如下：

1.委託取得環保局核可認證的簽約廠商，每月前來進行病蟲害防治消毒工作。
2.旅館房務部自行安排定期消毒工作。其方式可使用濃度0.1%的次氯酸鹽溶液作為消毒劑來進行消毒工作。例如：以拖把或刷子沾該溶液來洗刷消毒地板、馬桶及桶蓋；或手戴塑膠手套以抹布沾該消毒溶液來擦拭廁所牆面、鏡面、洗手檯等廁所設備或備品。
3.有些旅館係採用一般消毒水予以稀釋成乳白色溶液狀來進行消毒，唯其味道甚嗆鼻且不易消失，不適於客用廁所。

學習評量

一、問答題

1.一般旅館公共區域設備的清潔保養，其採用的方式有哪幾種？
2.旅館大廳客用電梯在清潔維護保養準備作業上，應注意的作業要點為何？試述之。
3.如果你是旅館公清組的服務員，請問你會如何來執行電梯內部的清潔維護工作？
4.旅館房務員平時不定期清潔保養天花板的作業要領為何？試摘述之。
5.旅館公共區域天花板通風口的清潔保養作業，其第一步驟為何？
6.旅館客用公共廁所，若自行定期消毒，可採用哪種清潔清毒方式？試述之。

二、實作題

1.請依照旅館公共區域設備及天花板的清潔保養要領，將餐旅專業教室予以清潔打掃。
2.請依照旅館公共區域客用廁所的清潔維護要領，將餐旅系所屬廁所予以清潔打掃。

Chapter 8

旅館客房住客服務

單元學習目標

- ◆瞭解旅館一般住客服務的作業
- ◆瞭解旅館貴賓住宿服務作業要領
- ◆瞭解旅館住客洗衣服務的作業要領
- ◆瞭解旅館布品發放標準作業程序
- ◆瞭解旅館布品的倉儲作業管理
- ◆培養良好工作態度與服務熱忱

旅館自客人遷入進住開始，房務服務工作即系列展開，期以提供房客最滿意舒適的服務。房務部門所提供給住宿客人的服務，除了例行性的客房清潔整理工作外，對於房客也提供一些日常生活起居的服務，如洗衣服務、保姆服務等項目。

此外，旅館常會有一些貴賓進住，為使這些身分特別的客人有賓至如歸之感，旅館房務部門均會提供管家式的貴賓住宿服務，期以提升旅館品牌形象，創造日後更大的商機。本章將分別就旅館一般住客服務、貴賓住宿服務，以及旅館客衣布巾送洗服務予以逐節介紹。

第一節　一般住客服務

旅館房務部門的職責，除了客房清潔整理工作之外，對於一般住宿的客人也會提供系列的相關服務，如客房換房服務、加床服務、保姆服務、擦鞋服務、洗衣服務，以及客房迷你吧服務等，期以滿足住宿旅客需求，使其能擁有美好的溫馨體驗。

一、換房服務（Room Change Service）

房客進住後對於旅館所安排的房間，若發現房型與原先訂房不一樣，或因房間太陰暗、太吵雜，或因客人本身獨特的習性等，因而要求換房（**圖8-1**），茲將旅館樓層換房服務的作業程序與要領，分別就空房與續住房的換房服務作業介紹如後：

(一)空房換房服務

所謂空房換房服務，係指原擬安排房客進住的客房，由於客人不滿意或不符合其需求，而要求換房服務。其作業程序為：

1.樓層房務員接到房務部辦公室的「換房通知單」（Room Change Notice）（**表8-1**）時，應速將房內所放置的迎賓水果、刀、叉及盤等物品移至新的客房（**圖8-2**）。

圖8-1　旅館待出售的客房

表8-1　〇〇飯店換房通知單

Room Change Notice
（換房通知單）

Date（日期）：__________　Guest Name（房客姓名）：__________

Time（時間）：__________

From（原客房）：__________　To（新客房）：__________

Room Rate（原房價）：__________　To（新房價）：__________

Reason（換房原因）：__________

____

Remarks（附註）：__________

Room Attendant（房務員）：__________

Approved by（核准者）：__________

圖8-2　客房內迎賓水果盤及卡片

2.若是為重要貴賓（VIP）換房時，則須將文具夾、花、蛋糕、酒及各種贈品等均一併移往新的客房。

3.若客人有特殊習性及嗜好的檔案記錄，或客人遺留物品作業等均須移往新房號內。

(二)續住房換房服務

所謂續住房（Occupied Room, OCC）換房服務，係指已進住的房客對原先住宿的房間未能符合其需求，因此再續住時擬更換新的客房而言。此類換房服務作業程序如下：

1.樓層房務員獲知旅客擬換房的通知後，應速將旅客行李搬移到新客房，同時檢查房內是否尚有旅客遺留物品，以防掛一漏萬。

2.檢查客房物品、小酒吧及冰箱內飲料（**圖8-3**）。若有短缺則須記錄於房間檢查表，並立即處理。

3.原房間所屬物品，如衣架、文具夾等，若被移走時，房務員須負責前往新客房取回。如果客人正使用中，則須俟房客退房後再取回。

圖8-3　檢查客房迷你吧備品

4.原房間內是否有客人借用物品、洗衣帳單或簽帳單，若有則須連同房客資料移轉到新的樓層，以利作業。

5.換房時若客人不在房間，則房務員須替客人收拾行李並注意每件物品放置位置。當行李物品移至新房間時，須將所有行李、物品依原房間物品擺放位置予以排放整齊。

二、加床服務（Extra Bed Service）

旅館房務部辦公室接到櫃檯通知房客須加床服務時，其作業程序為：

1.通知樓層房務員由倉庫取出所需的床鋪，並加檢視是否有損壞，確認無誤再加擦拭乾淨備用。

2.備妥加床用的床單、枕頭、毛毯或羽絨被，連同床鋪送往客房，再依規定鋪設床鋪（**圖8-4**）。

3.最後再依增加床位數，擺放同數量的客房備品，如毛巾、牙刷、牙膏及拖鞋等備品。

4.旅館加床服務除了嬰兒床為免費外，通常會酌收一定的加床費。

圖8-4　加床服務所使用的活動床

三、洗衣服務（Laundry Service / Valet Service）

旅館為滿足住宿旅客生活起居的需求，通常會提供客人洗衣服務，如水洗（Washing）、乾洗（Dry Cleaning）或整燙（Pressing）。其作業程序及要領，分述如下：

(一)收取客衣

1.旅館房務員在續住房整理房間時，若發現洗衣袋置放房客擬送洗的衣物，或接到房客通知要求洗衣服務時，須立即自洗衣袋取出客衣或前往客房收取客衣。

2.收取客衣時，須檢視袋內是否有已填好的「洗衣單」（圖8-5）。若無則應通知房客補填，或由房務員代為填補洗衣單。

3.客衣送洗：普通洗滌（Regular Service）約需八小時，快洗服務（Express Service）約需四小時，唯價格較高。

圖8-5　旅館客房洗衣單及洗衣袋

(二)檢查核對

1.檢查核對洗衣單所填資料是否完整，核對數量、種類是否正確無誤。

2.檢查客衣口袋是否有遺留物品，若有則應立即送交客人。

3.客衣若有破損或嚴重汙點不堪洗滌處理時，則應填具「客衣破損簽認單」連同衣物一併送返客人。

4.若客衣須快洗燙或有特別交待者，則應在洗衣單註明，或以紅筆填寫，並另以口頭提示。此外，尚有部分旅館為求慎重，並在衣袋口綁上紅布條，以利識別。

(三)客衣驗收

1.洗淨整燙好的客衣，由洗衣房人員送回庫房時，房務員須詳加核對其品名數量與「洗衣登記本」所載內容是否符合，若發現有問題則須立即向洗衣房查詢。

2.若客衣不慎毀損，須主動向房客致歉並說明原委。通常衣物毀損的賠償，依行政院消費者保護委員會公告「洗衣定型化契約範本」，其原則如下：

(1)於保管期間內（十五日內）：依洗衣價之二十倍賠償之，但最高賠償限額以新台幣一萬五千元整為限。

(2)逾保管期間：依洗衣價之十倍賠償之，但最高賠償限額以新台幣一萬元整為限。

(四)送返客房

1. 若是快洗燙的客衣，須立即送入客房；若是普通洗燙客衣則於傍晚開夜床服務時，再一併送到客房。
2. 客衣送入客房時，若客人不在房內，應整齊的將客衣掛在衣櫥內；若衣物數量很多時，則將客衣整齊的排列於床尾上，事後再請客人簽收。
3. 若客房反鎖，或有「請勿打擾」之掛牌或燈號顯示時，則須晚一點再適時送給客人。如果下班前仍無法送入，則須在樓層「交待簿」內記錄，並交代值班人員次日再送。

四、保姆服務（Baby Sitter Service）

旅館的住宿旅客有時須參加重要聚會或活動，而無法將孩童或嬰兒帶在身邊時，通常會委請旅館人員代為照顧，此項工作因涉及孩童身心及人身安全，旅館均由房務部資深人員來負責，唯絕對不可委由館外人員來處理，此項服務另稱托嬰服務。茲將旅館保姆服務的作業程序及其要領摘述如下：

1. 首先須問明客人姓名、房號、小孩性別、年齡、人數，以及所需看顧日期、時間與須特別注意的事情。
2. 告知客人收費標準。通常以三小時為單位，超過時間再另外按時計算費用。
3. 保姆人選務必要由旅館員工擔任，不可請外人看顧，以策安全。一般係由房務部聘請旅館內較資深有經驗之休假員工為主。
4. 人選確定後，應服裝整齊並掛上旅館名牌，先介紹給客人，再於約定日期、時間，提早十分鐘向客人報到。
5. 保姆在照顧期間須經常與房務部人員聯絡，以利隨時掌握狀況。
6. 當客人返回後，再將小孩親自送交客人，然後始禮貌退出房間。

五、擦鞋服務（Shoeshine Service）

旅館為解決客人鞋子弄髒或清理不便的困擾，通常會提供房客貼心的擦鞋服務。茲將旅館房務部所提供的擦鞋服務作業程序及要領，予以摘介如下：

1.依要求擦鞋之房號，逐房收集，並以便條紙寫上房號，再貼於鞋內，以利分辨。
2.利用空檔時間完成擦鞋工作，除非客人要求在指定時間完成。
3.皮鞋擦拭完畢後，將皮鞋放入包裝袋，再以註記房號之便條紙貼在袋子上，以免送錯房間而造成困擾（**圖8-6**）。
4.將鞋子逐房放入房間時，須將貼紙取下。
5.最後再登錄於樓層交代簿上，以備查。

唯時下有部分旅館備有自動擦鞋機提供客人免費使用，以取代人工的擦鞋服務。

六、客房迷你吧服務（Minibar Service）

旅館為提供旅客更溫馨貼切的服務，通常在每間客房均設有一台小冰箱或

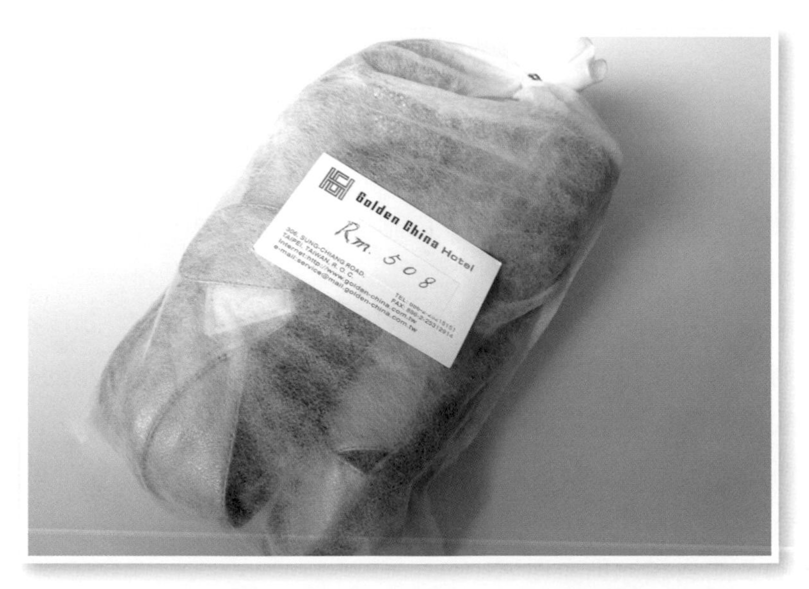

圖8-6　皮鞋擦拭必須放入包裝袋，其上放置房號便條紙

圖8-7　客房迷你吧備有各式飲料

小酒吧，備有點心飲料供客人使用（**圖8-7**），其作業要領分述如下：

1.每天打掃客房時，要順便檢查冰箱或酒吧。

2.核對各項飲料數量、種類及是否使用過。

3.核對飲料帳單與客人飲用的數量，並將日期、時間、飲用數量、金額等資料，登錄在「冰箱飲料單」（**表8-2**）上，並簽名。

4.冰箱飲料帳單內容要填寫清楚，第一聯（白色）留給客人收執，其餘二聯則交回房務部。

5.如果客人擬辦理退房時，則以電話通知櫃檯出納，告知客人使用數量及金額，以一併付帳。

6.如果客人為續住房者，則將帳單底聯留在冰箱或小吧檯即可。

7.房務員須根據每個房間飲料帳單予以統計，製成每日冰箱飲料報表，再向飲料管理員領取須補足之飲料。

8.飲料擺放須依規定整齊擺放在固定位置，標誌（Logo）朝外或向上。

9.所有飲料、食品均須注意有效時間，以先進先出法（First In, First Out, FIFO）的倉儲原則處理。

表8-2　冰箱飲料單

○○飯店　冰箱飲料單　編號： 房號：　日期：　時間：				
數量	品名	單價	消費數量	小計
1	白酒（White Wine）	600		
1	紅酒（Red Wine）	600		
2	台灣啤酒（Taiwan Beer）	100		
2	海尼根（Heineken）	150		
2	麒麟啤酒（Kirin Beer）	150		
2	百威啤酒（Budweiser Beer）	150		
1	波本威士忌（Bourbon Whisky）50ml	300		
1	白蘭地（Cognac V.S.O.P.）30ml	300		
2	琴酒（Gin）50ml	300		
2	馬丁尼（Martini）50ml	300		
1	伏特加（Borzoi Vodka）50ml	300		
2	可口可樂（Coca Cola）	100		
1	健怡可樂（Diet Cola）	100		
2	雪碧（Sprite）	100		
1	通寧水（Tonic Water）	100		
2	礦泉水（Evian Water）	100		
1	氣泡礦泉水（Perrier Water）	120		
1	薯片（Pringles）	80		
1	玉米脆片（Doritos）	80		
1	起士球（Combos）	100		
1	日式餅乾（Japanese Snack）	100		
1	三角巧克力（Toblerone）	100		
總計				
房客姓名／簽字（Guest Name / Signature）： 服務人員簽名（Room Maid）： 入帳人員簽名（Posted By）：				
第一聯：白色　第二聯：藍色　第三聯：黃色				

七、其他

旅館為提供客人溫馨的住宿體驗，對於住店旅客尚有下列服務項目：

1.開夜床服務（Turn-down Service）。

2.客房餐飲服務（Room Service）。

3.晨喚服務、喚醒服務（Morning Call, Wake-up Call）。

4.諮詢服務（Information Service）。

5.話務服務（Telecommunication Service）。

6.外幣兌換服務（Currency Exchange Service）（圖8-8）。

7.郵件收發及留言服務（Mail & Message Service）。

8.失物招領／遺留物服務（Lost & Found Service）。

9.按摩服務（Massage Service）。

第二節　貴賓住宿服務

旅館經常有一些重要的貴賓，如國家元首、國際知名巨星或社會名流等重要人士進住。為使這些客人有賓至如歸之溫馨住宿體驗，日後能成為旅館最佳口碑行銷。此時，旅館的住宿接待工作，自貴賓到達前之準備至進住後離去止，務須特別謹慎為之，任何環節均不容有所疏失，期以提升旅館的聲譽與知名度，進而建立良好的品牌形象。茲將旅館貴賓住宿服務的作業流程及要領，分述如下：

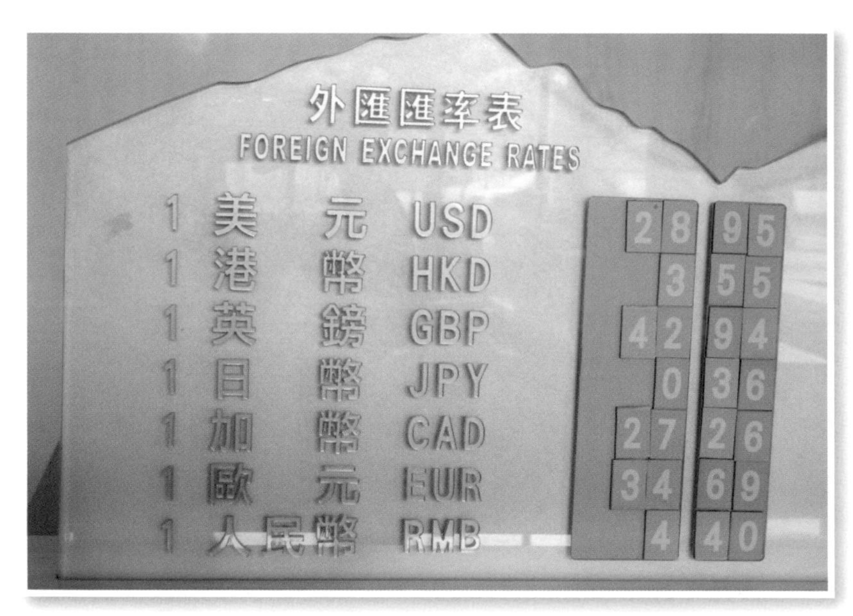

圖8-8　旅館櫃檯出納提供旅客外匯兌換服務

一、貴賓到達前的準備

1.確認抵達日期、時間、班機號碼，並隨時與旅館機場代表聯繫。

2.事先瞭解客人身分、住宿需求，並據以安排好房間。客房分配定案後須通知相關部門，並儘量不再更動或調整。

3.旅館贈送貴賓的禮物，如蛋糕、水果、鮮花或酒等各項物品，須於貴賓抵達前一小時送入客房，並依規定擺放在明顯位置且排放整齊。

4.迎賓水果籃（盤）旁邊須放置一封歡迎信或歡迎卡，並備有刀、叉、盤或開瓶器等器皿，以供貴賓使用（**圖8-9**）。

5.貴賓到達前一小時，須將地毯再吸一遍，同時將客房空調、音響、燈光打開，然後再由高階主管會同房務人員再前往貴賓房檢查一遍，以確保完美無缺之服務品質。

6.安排攝影、張貼歡迎海報與安置代表性旗幟。若國家元首須再鋪紅地毯，並加強安全檢查。

圖8-9　迎賓水果及歡迎卡擺設

二、貴賓蒞臨迎賓接待

1.董事長、總經理、經理等各級重要一級主管，在國際知名的人士進住時，須在大廳列隊恭迎，並安排拍照工作。

2.門衛（Door Man）在大門前維持秩序，並禮賓接待（**圖8-10**）。

3.禮賓公關部上前獻花，並引導貴賓先行進入房間，貴賓行李及住宿登記手續稍後再補辦。

4.有些旅館為求慎重，在旅館櫃檯鑰匙格架上另插紅色貴賓條，以資鑑別，並隨時提醒同仁注意後續服務。

三、貴賓住宿期間的住宿服務

1.樓層服務員遇見貴賓應主動打招呼，並隨時請示客人是否有其他需要代勞之處。

2.客人住宿期間，若需要洗衣或擦鞋服務時，須以最速件來處理。例如：擦鞋服務須由貼身管家（Butler）來專門負責擦拭；洗衣服務在客衣送回客房時，須以附有拉鍊的西服專用袋送回，以示禮遇尊重。

圖8-10　旅館門衛須維持大門口秩序及禮賓接待

3.隨時保持貴賓房的整潔。整理客房儘量利用客人外出時，以最快的速度完成清潔打掃工作。客房所需更換的布巾備品，須提供最新且完好的為原則。

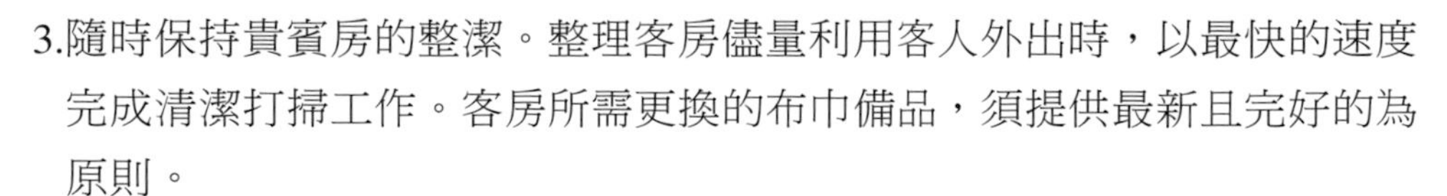

4.對於特別重要的貴賓，除了提供貼身管家服務外，更要針對其個人生活習性或特性來提供適時適切的個別化、人性化的貼心服務。

四、貴賓離開的接待服務

1.事先安排交通工具，並通知機場代表在機場協助貴賓辦理離境機場作業。

2.贈送公司禮物、拍照相片專輯，再於門口列隊歡送。

3.離開旅館前，旅館門口要有交通管制，必要時得請求警察支援。

旅館小百科

管家服務（Butler Service）

管家（Butler）一詞，係源於拉丁文“Buticula”，原係指「拿水瓶倒水服務的人」，法文則稱為bouteillier或bouteille。早期中古歐洲的皇家、名門貴族及享有爵位者的家中，均置有正式的管家，其本身具有極豐富的生活經驗與專業素養，對尊貴的豪門禮節與貴賓服務均有獨特的體認。他（她）不僅是家庭的總管（House Management），也可以說是貴族家庭成員的老師，其言行舉止之風範，比紳士還紳士，比淑女還淑女。唯有如此，始能為主人解決所有日常生活的各種瑣事或問題。

現代的管家除少數任職於權貴富豪的家庭外，大部分均已轉入大型企業或觀光休閒產業中任職。一般企業的管家，其主要工作是負責會議規劃管理、宴會安排以及餐飲接待服務。至於旅館中的專業管家是位具多功能全方位的專業工作人員，扮演著房客與旅館的溝通橋樑，為房客整合旅館所提供的各項產品服務，如客務服務（Concierge）、客房餐飲服務（Room Service）、房務工作（Housekeeping）與洗衣服務（Laundry Service）等，以提供客製化高品質的住宿服務。

除了上述強調服務品質及滿足房客個人獨特風格與需求之客製化、

人性化的貴賓樓層管家服務，如台北晶華酒店等飯店。此外，旅館業尚有提供貴賓專屬「貼身管家」服務。

貼身管家通常隸屬於房務部或公司禮賓部門，其服務為多元化的綜合服務。其工作自貴賓進住旅館，即開始提供系列貴賓所需的任何產品服務，如基本生活起居、洗熨衣物、購物、行程或交通工具安排，甚至訪客過濾、重要宴會安排及對外電話聯繫等工作。

身為貼身管家必須為住宿貴賓提供一站到位的服務（One Stop Service），因此旅館專業管家須具有豐富的專業知能、工作素養及優質的服務文化內涵，始能提供貴賓全天候頂級的貼身服務。

第三節　布品類收發作業

旅館的布品種類繁多，且數量大，為旅館最大宗的消耗品，如果欠缺有效的制度與辦法來控管，將會影響旅館營運成本及費用支出之增加。一般大型國際觀光旅館有自設洗衣部門，至於較小型旅館均委外洗衣廠承洗。茲分別就布品收發管理相關工作介紹如下：

一、布品送洗標準作業程序

旅館各部門如客房部、餐飲部等布品送洗時，須依循下列標準作業程序送洗（**圖8-11**）。

(一)分類

1.須將各類布品依種類、尺寸、顏色之不同，先逐加分類。勿將不同尺寸大小布品或顏色不同者，混合在一起，以免褪色汙染其他布品。

2.潮溼布品要分開，勿將乾溼布品置放一起。

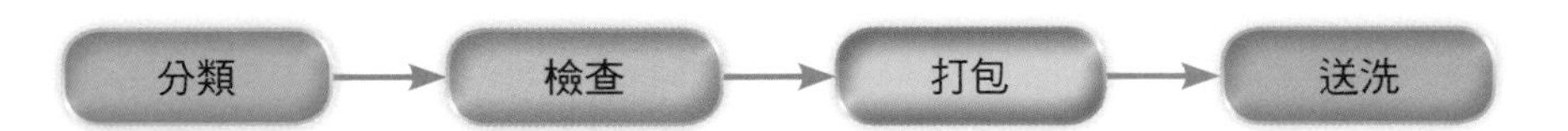

圖8-11　布品送洗標準作業程序

(二)檢查

1.送洗布品當中，要檢查是否有危險物品或異物夾雜在裡面，須先剔除掉，如牙籤、骨頭、魚刺或尖銳物，以免工作人員受傷或損及其他布巾。

2.若發現布品有特別汙損地方或破洞，則須將該部位另行打結，以提醒洗衣房人員給予特別處理或予以報廢。

(三)打包

將布品依類別之不同，分別加以捆綁打包：

◆大尺寸布品

如床單、檯布、中毛巾，每五條一捆。

◆中尺寸布品

如枕頭套、腳墊布、口布、餐巾，每十條一捆。

◆其他布品

如大浴巾、足布或溼的布品則分別打包。

(四)送洗

1.依分類清點好的布品、品名及數量，填具「布品送洗單」二聯單，一聯自存，另一聯隨同布品送交洗衣房點收。

2.分類好的待洗布品分別裝車送洗。

旅館小百科

旅館自設洗衣房與委外送洗之比較

通常大型國際觀光旅館均設有洗衣房來負責住客、員工制服及館內各種布品的清洗與整燙工作。唯近年來環保意識崛起，對於汙水排放及水資源管理的相關法令日益嚴謹，再加上客衣質料日新月異，經常衍生洗衣糾紛。因此目前國內許多旅館逐漸將此洗衣工作外包給館外專業的洗衣工廠來負責。

一、旅館自設洗衣房

(一)優點

1.品質控管較有保障。

2.時效性較佳，能提供即時性適切服務。

3.能降低大量布品之送洗費用成本。

(二)缺點

1.須增加人力及人事費用。

2.須另闢有限空間作為洗衣房用，增加機會成本。

3.增加機械維修及環保議題上的困擾。

二、旅館委外送洗

(一)優點

1.能減少人力編制及人事成本之支出。

2.減少行政管理及機具設備購置維護之成本支出。

3.旅館空間能充分作為餐旅營運使用。

(二)缺點

1.布品送洗品質控管不易。

2.布品送洗時效性較差，難以提供緊急狀況之適時、適切服務。

3.若旅館布品數量龐大，布品洗滌費用支出將是沉重負擔。

二、布品發放標準作業程序

(一)分類摺疊

洗衣房清洗整燙完成的布品，須依種類、規格予以逐加分類，並摺疊整理及檢查是否乾淨或破損。

(二)品管檢查

將初步檢查不合格之洗燙衣物重新清理，並將色澤泛黃、染色或汙損嚴重無法再使用者，予以挑出報廢處理。

(三)清點上車

1.將整理好的布品，依各單位送洗單所列之品名、規格及數量逐項清點，並整齊放置在各單位布巾備品車上。

2.再將各單位布巾備品車上，貼上各單位的布品送洗單，以備核對點交。

(四)點交發放

1.各單位領取送洗布品時，須持該單位自存聯單，前往領取。

2.經核對無誤，再將第二聯送洗單簽名確認，送返洗衣部存查，再領回所送洗的布品。

三、旅館布品的倉儲管理

旅館布品的管理，首先須考量倉儲地點的設置、布品儲存量的控管，以及布品收發作業管理。茲分別說明如下：

(一)布品倉儲地點的設置

1.觀光旅館除了備有倉儲區來放置各類布品外，客房部在每層樓客房數達20間以上之樓層，均另設置一間備品室（Pantry Room），作為樓層布巾儲放室，也是房務管理工作的服務中心。

2.布品倉儲的地點須注意下列幾點：

(1)避免設置在通風不良、潮溼的地方。

(2)倉儲位置須有防範病媒入侵之設施，如防老鼠、蟑螂、跳蚤及白蟻等措施。

(3)布巾室設置地點避免陽光直射，或熱水、蒸氣管線穿越，如果無法避開，則須加強隔熱、防水與防漏之外緣處理。

(4)避免設置在地下室，尤其低窪地區之旅館更要注意設置地點之安全性。

(二)布品標準儲存量訂定的考量因素

庫房布品須經常控管在標準儲存量之內，至於標準儲存量的訂定，須考量下列各要素：

◆旅館財務政策

旅館財務政策不一，其布品標準存量也有所不同。

◆住房率

須考量客房床鋪使用率（**圖8-12**）、床鋪數量及加床數量。

◆布品耐用年限及送洗或修補時間之長短考量

例如：棉質床單、枕頭套等耐洗次數約為200次；棉質浴巾、面巾、毛巾的耐洗次數約150次；若其材質為混紡的床單，其耐洗程度高達250次。

(三)布品倉儲的標準安全庫存量

布品倉庫之標準安全庫存量，通常以五套為標準：

1.一套正使用中。
2.一套送洗。
3.二套樓層布巾室備用。
4.一套全新未用布品，留存旅館倉庫。

圖8-12　布品標準儲存量須考慮床鋪使用率

(四)旅館布品管理須知

1.布品發放作業，應以先進先出法為原則。

2.布品須分類摺疊整齊存放，並以塑膠袋或包裝紙打包，以免汙損或褪色。

3.布品倉庫或布品室之發放，須由領取人先填具申領單並簽名，以利存量控管。

4.布品平均使用年限為兩年，不過要依其材質、使用頻率及保養維護良窳而定。

5.布品報廢領用新布巾時，原則上係採用一換一（One for One Exchange）的發放方式，以利布品控管。

旅館小百科

先進先出法

「先進先出法」是一種存貨轉換法。為避免布品倉庫的庫存物品因庫藏時間太久而損壞或褪色，因此布品室管理員通常在發放時，會根據庫存布品的帳卡依其進貨入庫的時間，以先期購入進貨的布品，先發放給領料單位使用，此乃一般倉儲物料的發放原則。

四、旅館布品的報廢管理作業

旅館布品的使用年限一般為兩年，唯須視布品類別、材質及其使用頻率與維護良窳而定。茲將旅館布品報廢的標準及作業程序，分述如後：

(一)布品報廢的標準

1.布品破損，如破洞、邊角撕裂，無法修補再使用者。

2.布品遭染色或褪色，無法清理者。

3.使用單位變更形式，原有舊款式布品不宜再使用者。

(二)布品報廢的作業程序

1.旅館各部門布品，若發現有布品受汙損，已達不堪使用時，須填具「布品報銷單」（**表8-4**），由房務部主管核章後，始完成正式報銷手續。

2.由布品室分類檢查報廢布品，再予以分類統計，製作「旅館布品報廢明細表」二聯單（**表8-5**），一份自存，另一份隨同報廢品移送到財務部報廢。

3.報廢布品須分類包裝，並標明品名、數量，送交財務部。

4.財務單位再將各單位報廢布品集中，並做有效再利用。

5.房務部主管再根據各單位報銷單，予以綜合分析檢討原因，並利用會議提出檢討報告。

6.一般耗損率為1～1.5%，若是報廢品在此合理範圍下尚屬可接受，若超出太多則須追究原因及責任。

表8-4　旅館布品報銷單

○○飯店布品報銷單

單位：＿＿＿＿＿＿＿＿　姓名：＿＿＿＿＿＿＿＿

日期：＿＿＿＿＿＿＿＿　時間：＿＿＿＿＿＿＿＿

品名：＿＿＿＿＿＿＿＿　數量：＿＿＿＿＿＿＿＿

單價：＿＿＿＿＿＿＿＿　總價：＿＿＿＿＿＿＿＿

事由：＿＿＿＿＿＿＿＿＿＿＿＿＿＿＿＿＿＿＿＿

＿＿＿＿＿＿＿＿＿＿＿＿＿＿＿＿＿＿＿＿＿＿＿

＿＿＿＿＿＿＿＿＿＿＿＿＿＿＿＿＿＿＿＿＿＿＿

＿＿＿＿＿＿＿＿＿＿＿＿＿＿＿＿＿＿＿＿＿＿＿

填表人：＿＿＿＿＿＿＿＿　單位主管：＿＿＿＿＿＿＿＿

第一聯：報廢單位
第二聯：財務部
第三聯：倉庫

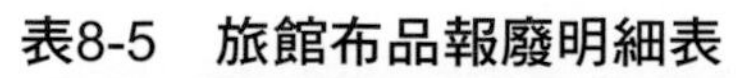

表8-5　旅館布品報廢明細表

〇〇飯店布品報廢明細表								
單位／品名	房務		咖啡廳		中餐廳		健身中心	
	數量	金額	數量	金額	數量	金額	數量	金額
第一聯：財部務 第二聯：洗衣房				填表人： 日期：			主管：	

教學活動設計

<table>
<tr><td>主題</td><td colspan="6">貴賓住宿服務</td></tr>
<tr><td>性質</td><td colspan="6">腦力激盪、價值澄清</td></tr>
<tr><td>地點</td><td colspan="6">專業教室</td></tr>
<tr><td>時間</td><td colspan="6">20分鐘</td></tr>
<tr><td>方式</td><td colspan="6">1.請每位同學試想：「假如我是W旅館公關人員，我將會如何安排規劃貴賓住宿服務作業，以提升旅館的品牌形象。」
2.教師可先請同學事先研讀本單元教材及蒐集相關資料備用。上課時，再稍加重點提示貴賓住宿接待之程序及要領，以利學生腦力激盪及自由聯想。
3.教師重點提示後，可採隨機抽點方式，請班上學生數名上台報告其觀點，並請班上其他同學注意聆聽並摘記要點，進而形成自我的觀點。
4.教師針對上述同學發言內容予以綜合講評，並再三提醒同學須注意的接待禮儀與工作態度，期以培養學生專精的知能與良好工作習慣。</td></tr>
<tr><td rowspan="9">評分</td><td>評分項目</td><td colspan="2">評分重點</td><td>配分</td><td>評分</td><td>備註</td></tr>
<tr><td rowspan="2">服裝儀容
（20%）</td><td colspan="2">服裝整潔</td><td>10</td><td></td><td></td></tr>
<tr><td colspan="2">儀態端莊</td><td>10</td><td></td><td></td></tr>
<tr><td rowspan="2">服務態度
（20%）</td><td colspan="2">團隊精神</td><td>10</td><td></td><td></td></tr>
<tr><td colspan="2">服務熱忱</td><td>10</td><td></td><td></td></tr>
<tr><td rowspan="2">表達能力
（20%）</td><td colspan="2">口齒清晰</td><td>10</td><td></td><td></td></tr>
<tr><td colspan="2">邏輯思考能力</td><td>10</td><td></td><td></td></tr>
<tr><td rowspan="2">專業知能
（40%）</td><td colspan="2">內容詳實、觀念正確</td><td>30</td><td></td><td></td></tr>
<tr><td colspan="2">具創意特色</td><td>10</td><td></td><td></td></tr>
<tr><td>評分教師</td><td></td><td>總分</td><td></td><td>總評</td><td></td><td></td></tr>
</table>

學習評量

一、解釋名詞

1.OCC
2.Valet Service
3.Regular Service
4.Baby Sitter Service
5.Currency Exchange Service
6.Pantry Room

二、問答題

1.假設你是旅館樓層服務員，若有剛辦完進住手續的房客要求換房，請問你將會如何來處理？

2.旅館樓層服務員在執行加床服務作業時，其作業程序及要領為何？試述之。

3.如果你是旅館房務部領班，當有房客向你抱怨旅館洗衣房將他所送洗的衣服毀損時，請問你將會如何處理？

4.假設你是旅館公共關係經理，若有國際知名人士擬進住貴飯店時，請問你將會如何迎賓接待？

5.你認為旅館關於布巾洗滌工作究竟是採委外送洗或是自設洗衣房洗滌，何者較好？為什麼？

6.旅館布品倉庫的標準庫存量，你認為各種布品須準備多少套始較安全？為什麼？

Chapter 9

旅館顧客抱怨及緊急事件的處理

單元學習目標

◆瞭解旅館顧客抱怨的原因及其抱怨事項
◆瞭解防範顧客抱怨的方法
◆瞭解處理顧客抱怨的原則與步驟
◆瞭解旅館緊急事件的種類及其處理要領
◆培養處理顧客抱怨的專業能力
◆培養旅館緊急事件的應變能力與處理技巧
◆培養良好的服務態度與職業道德

旅館所賣的產品，係一種由有形與無形產品所建構而成的組合性產品。由於此產品本身具有異質性、僵固性及不易儲存等獨特性，再加上旅館顧客類型不同，且其需求互異。因此，當顧客所預期的服務品質與實際體驗認知有落差時，即很容易導致顧客抱怨。本章將針對旅館顧客抱怨的原因及其處理的要領，以及旅館緊急事件之處理方式，分別逐節探討。

第一節　顧客抱怨及其他糾紛處理

顧客前往旅館消費都希望得到熱情的接待，受到應有的尊榮。如果旅館服務人員所提供的產品服務，未能符合或滿足其原先之認知或需求時，將會引起顧客的不滿。為提升旅館產品服務品質並創造顧客的滿意度，旅館管理者必須設法先行瞭解導致顧客抱怨的原因何在，再據以研擬妥善之因應策略與具體改善之道。

一、顧客抱怨事項的類別

旅館常見的顧客抱怨或糾紛事件，可加以歸納為下列幾大項：

(一)服務態度的問題

旅館服務人員與顧客間互動時，讓顧客感覺到不受尊重、冷漠、傲慢、怠惰、欠主動或不誠實等負面的認知。例如服務態度不佳、使客人久候或房務員太遲整理打掃房客房間等問題均是，此類抱怨事件最常見，也最令顧客難以釋懷。

(二)價格的問題

旅館所提供給顧客的產品服務，其標價不明確、不等值或帳單有誤等問題，以致造成顧客之不悅而抱怨。

(三)服務印象的問題

旅館所提供給顧客的各項產品服務，未能符合顧客的認知或無法滿足顧客的需求，而對旅館產品產生不滿。例如：噪音、房客受到打擾、房間不清潔、客房備品不足、排房不當、客衣送洗延誤或櫃檯結帳有誤等均屬之。

(四)環境設施問題

顧客期盼旅館所提供的住宿設施、休閒環境或娛樂設施均能盡善盡美，若周遭環境雜亂、空調運轉失靈、冷熱水供應不足（**圖9-1**）、客房衛浴間排水不良、健身中心空間不足及停車場動線規劃不當等問題，均容易引起顧客不悅。

(五)顧客本身的問題

旅館顧客類型不同，其需求與個性也互異。因此，旅館所產生的抱怨或糾紛事件當中，有些是源於顧客本身生活習慣或個人認知之差異所造成。例如：中東地區大部分是回教徒為多，因此房客若是中東人士，房務員應避免在中午或傍晚時前往打掃客房或去打擾房客，因為該時段伊斯蘭教徒均要向其所信奉的真神阿拉朝拜，而不希望受到干擾。此外，亞洲人士較不喜歡「4」的數字，以及韓國人偏愛單數房號而不喜歡雙數等均是例。

旅館小百科

清真餐旅認證

為營造溫馨友善且安全舒適的住宿環境，以爭取為馬來西亞、新加坡、印尼及中東等地區穆斯林旅客來台觀光旅遊。交通部觀光局特別與中國回教協會合作辦理接待穆斯林的餐旅研習活動，並推出「清真餐旅HALAL認證」。

目前國內已有二十餘家餐旅業取得該認證。上述經認可的旅館，其客房均附有回教聖地麥加的方位指標或客房地面鋪設鑲繡麥加方位圖騰標識的地毯，以提供貼心的接待服務。

(六)其他

例如：旅館上下游產品供應商供貨之延誤、誤送或其他外在環境之影響因素等問題，也會引起顧客不滿或抱怨。

圖9-1　旅館衛浴設施功能須完善以免顧客抱怨

二、顧客抱怨事項之防範

顧客抱怨事項防範之道無他，最重要的是須先設法消弭可能引起顧客抱怨之因子於無形，如此始能防患未然。茲將防範顧客抱怨的方法摘述如下：

(一)加強旅館人力資源之培訓

1.培養旅館服務人員的服務態度與機警的應變能力。

2.培養服務人員的專業知能與服務技巧，以發揮服務效率。

3.培養服務人員良好的人格特質與正確服務人生觀，如同理心、情緒自我控制能力及熱愛服務等。

(二)建立標準化的服務作業與服務管理

1.旅館業最大的資產為人，旅館服務品質之良窳乃端視人力素質之高低而定，因此須加強服務管理（**圖9-2**）。

2.旅館服務品質的穩定有賴健全的標準化服務作業之訂定與執行，唯有透過標準化的服務，才能提升旅館服務品質，使顧客對產品服務產生一種

圖9-2　旅館業最大的資產為擁有優質的服務人員

「認同感」與「幸福感」，如此一來，當可消弭顧客之抱怨於無形。

(三)創造顧客滿意度

服務人員應隨時以創造顧客滿意度為念，主動關注顧客，親切而有禮地適時提供問候與服務，以贏得客人對你的信任與好感，如此將會減少客人挑剔及吹毛求疵的問題。

(四)旅館產品銷售契約要明確，須具等值的服務

1.旅館銷售的契約條件及內容務須明確詳實告知客人，使客人能完全瞭解契約的內容，使其瞭解所付出的金錢可以享受到何種產品與服務。
2.大部分客人最不能忍受的是受到不等值的服務，而有一種受欺騙之感。
3.「誠信」乃旅館從業人員最重要的職業道德。唯有以誠待人、信守諾言，才能贏得客人信賴，進而建立旅館企業良好的形象。

(五)加強旅館環境、設備與硬體設施之維護

1.提供客人良好便捷的停車服務或停車場。

2.給予客人溫馨、雅致、寧靜、乾淨且舒適的客房，以及完善的休閒娛樂設施，如游泳池、美容院、健身中心（**圖9-3**）、三溫暖或高爾夫練習場等均是例。

三、顧客抱怨事項的處理

當顧客先前預期的服務品質水準與其實際所感受到的相差甚遠時，他們的心態或情緒極易受到影響，進而會透過言語或肢體行為來表達其內心不滿之情，此時業者若沒有即時迅速有效加以處理，並讓客人當場滿意，可能會使事態擴大，勢必會影響到整個企業的形象與聲譽。

(一)顧客抱怨的心理需求分析

顧客之所以會抱怨，往往是其欲求無法獲得適當的滿足或回應，進而宣洩其不滿之情，其主要目的乃在尋求彌補其欲求之不足或尋找發洩，以求心理之均衡感。旅館顧客抱怨的心理，綜合歸納分析如下：

圖9-3　旅館健身中心的硬體設施

◆ 求尊重心理

任何一位顧客均希望獲得一致性的熱情接待服務，不希望受到不公平或冷漠的對待，他們要求受到應有的重視，享受溫馨賓至如歸般的貼切服務。如果服務人員未能洞察其心理需求，而未能在客人抱怨的第一時間即迅速給予致歉，並採取適當處理措施，將會錯失修補之良機，甚至得罪顧客。

◆ 求發洩心理

旅館顧客之所以會抱怨，這是一種心理現象之自然反應。例如當顧客受到不等值的產品服務時，會利用抱怨之手段來宣洩心中壓抑之怒火，以維持心理之平衡。此時，旅館服務人員所應採取的最有效處理方式為以同理心來傾聽並表關切。唯絕對不可據理力爭或中斷顧客抱怨。

◆ 求補償心理

顧客對於旅館人員所提供給他的產品服務品質若覺得不滿意，或感覺其權益受損，因而產生抱怨，究其心理需求而言，乃希望業者能向其致歉，並賠償或補償其所受的損失。例如抱怨客房太吵、房間空調故障（**圖9-4**）或早晨喚醒服務延誤等問題時，旅館服務人員除了應在第一時間立即前往協助處理外，尚須主動致歉並視實際情況給予某些實質上的補償，如小禮物、折價券或價格折扣等回饋。此時，寧可讓客人占便宜，但絕不可失去客人。

圖9-4　客房空調設備功能須良好以免顧客抱怨

(二)顧客抱怨事項的處理原則與步驟

顧客抱怨事項之處理，通常由領班以上幹部來負責，其處理原則分述如下：

◆正視問題、瞭解問題、掌握時效

顧客之所以會產生抱怨，必定事出有因。通常是旅館服務人員或設施設備出問題，因而造成客人的不便或不滿。此時，旅館服務人員須掌握第一時間立即處理，以爭取關鍵時刻之效益。否則若延誤處理時機，往往會將小事擴大而演變成棘手的問題或造成顧客對旅館的負面評價。

◆態度誠懇、耐心傾聽、具同理心

理智冷靜，態度誠懇，對顧客關心，絕不可提高語調爭辯，更不可打斷顧客之抱怨。服務人員須態度寬容，先致歉並設身處地耐心傾聽及瞭解顧客心態，穩定其不滿情緒。

有些抱怨事項係來自客人本身的不當認知，不過即便如此，身為旅館服務人員也應和顏悅色予以尊重，絕對不可言語諷刺挖苦或據理力爭頂撞客人。

◆誠懇道歉、迅速處理、避免事態擴大

面對顧客的抱怨時，服務人員須態度誠懇、冷靜理智，尤其是自身的情緒管理與處理技巧均甚重要。無論顧客抱怨的理由為何，一定是旅館服務有問題。此時，須先誠懇道歉，瞭解原委並即時妥善處理，要記住：「旅館是為顧客而開」、「顧客永遠是對的」、「不是顧客對不起旅館，而是旅館對不起顧客」。

誠懇面對顧客，若有疏失須立即坦誠認錯，並即時提供補救性服務或補償措施。事實上，會抱怨的顧客，才是好顧客。因為有些顧客在遭受不合理的對待後，並未留下任何抱怨訊息，但卻永遠不再上門光顧，也不會再給你一次機會。

◆謹慎結論、持續追蹤、記錄存參

旅館在處理顧客抱怨事項時，若第一線服務人員無法圓滿處理時，須由主管出面處理，以降低顧客不滿的情緒。唯不可輕率承諾或過早提出結論，否則若屆時無法兌現或需要後續再處理時，將會徒增困擾。此外，當整個事件均圓滿處理完畢後，須將該抱怨事件有關人、事、時、地、物等予以紀錄存參，以供爾後作業參考。

第二節　旅館緊急意外事件的處理

旅館是座提供旅客膳宿、休憩、娛樂及社交聯誼等多功能之營利性公共場所，因此對於旅館的住宿房客或一般旅客，均負有維護其生命財產安全之責。唯旅客在旅館消費或住宿期間，有時難免會遭遇或發生偶發之意外事件，因此旅館從業人員務必熟悉各種緊急意外事件的危機處理要領，始能維護旅客生命財產之安全，並將意外事件之衝擊或傷害降至最低。本單元將分別針對旅館常見的緊急事件及其處理要領，予以摘介，期以培養讀者將來進入餐旅職場工作時，面對此偶發事件時之應變能力。

一、火災事件

旅館所發生的緊急意外事件當中，最為嚴重者，首推火災事件。旅館發生火災的原因很多，如房客吸菸、電源線短路（**圖9-5**）、鍋爐操作不當或天然災害地震等所引起。

圖9-5　電源管線須經常檢修，以防短路漏電

(一)火災的類別及適用滅火器

火災之發生，需要易燃物、高溫燃點、氧氣及產生連鎖反應等四大要件，至於火災現場最可怕的三大殺手，分別為濃煙、火及高溫。唯在火災中喪生者，大部分均不慎吸入過量的一氧化碳所致。由於引起火災的易燃物特性不同，所引起的火災類別及其適用的滅火器也不同，如**表9-1**所示。

(二)火災事件的處理程序

當你發現起火時，須當機立斷切忌慌亂，並判斷是否可以自行滅火，若可以，應立刻以滅火器或消防栓來滅火；反之，若經判斷無法自行滅火，須立刻依下列程序來處理：

◆火警通報

1.發現起火時，須立即按下警鈴啟動警報系統，並通報旅館總機、房務部、工務部、大廳值班經理、大廳人員及安全室等相關部門。通報總機時，務必說明姓名、失火地點及火場情況，以利掌握正確資訊來進行滅火及人員疏散等後續作業。

2.總機接到通報後，須立即通報119消防單位、通知中控室廣播火警訊息，並以電話通知失火樓層附近住客避難。

3.旅館房務部及大廳相關人員，則負責協助引領住客、旅客及人員由太平梯或安全門疏散（**圖9-6**），並安撫住客等人員保持鎮靜，有秩序地快速逃生，唯應避免爭先恐後或推擠擁塞於出口。

表9-1　各類火災適用之滅火器

滅火器種類 火災類別	乾粉滅火器			二氧化碳滅火器	泡沫滅火器	鹵化烷（海龍）滅火器	潔淨滅火器	水滅火器
	ABC類	BC類	D類					
A類火災（普通火災）	○	×	×	×	○	○	○	○
B類火災（油類火災）	○	○	×	○	○	○	○	×
C類火災（電氣火災）	○	○	×	○	×	○	○	×
D類火災（金屬火災）	×	×	○	×	×	×	×	×

註：○記號表示適合；×記號表示不適合。

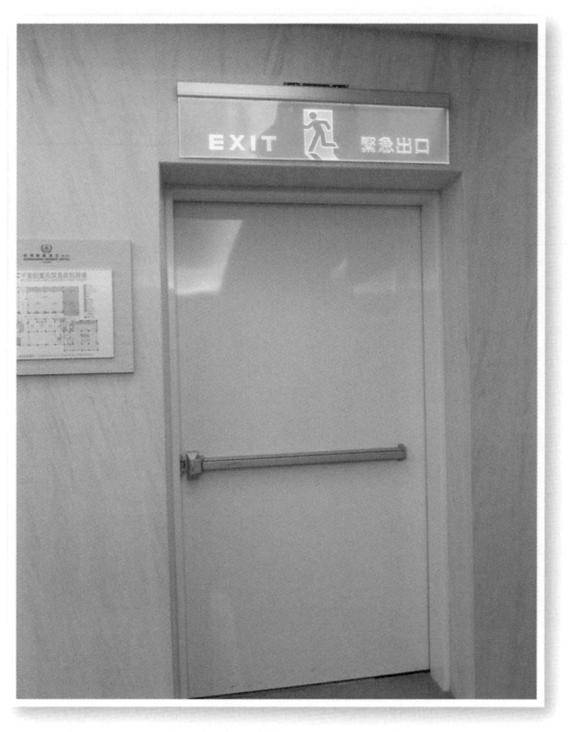

圖9-6　旅館客房樓層的緊急出口

4.工務部人員接獲通知後，需立即關閉電源及通風設備，以防範火舌由通風管蔓延，並啟動緊急照明設備。

5.安全室等相關人員須立即前往火災現場協助救火相關事宜。

◆消防滅火

1.滅火最重要的黃金時刻，為剛起火的3～5分鐘內為最佳時機。滅火時，可使用滅火器或室內消防栓來滅火（**圖9-7**），以利控制火勢蔓延，並等候消防機構前來支援。

2.若火勢太大，無法自行滅火時，則須迅速撤離火場。

◆緊急疏散

火災疏散旅客時，須遵循下列作業要領：

1.引導顧客疏散時須力求鎮靜勿慌亂，以鎮靜語調告知客人說明火災地點，並聲明火災已在控制中，引導顧客朝安全方向疏散。

2.引導人員須手提擴音器及手電筒，避免客人跌撞而產生意外。

圖9-7　旅館的消防栓與滅火器

3.疏散時，不可穿拖鞋或打赤腳，原則上從最靠近火災起火點之樓層、客房優先疏散，老幼婦女為優先。成群顧客疏散時，前後均須安排引導人員，以安定顧客心理，避免因驚慌滋生意外，此為最有效的疏散方法。

4.若有濃煙要先使用溼毛巾掩住口鼻，或以防煙袋先充滿空氣罩套頭頸後，再迅速沿著走廊牆角採低姿勢，由太平門或太平梯往外朝下層疏散。

5.疏散時，若使用防煙塑膠袋，在套取新鮮空氣時，須在接近地板上方撈空氣，若以站姿雙手在上空撈可能盡是濃煙。

6.逃生時嚴禁使用電梯。若無法逃生時，可用溼毛巾掩住口鼻在窗口、陽台呼救，但絕對不可貿然跳樓。

7.逃生過程若需要換氣，應將鼻尖靠近牆角或階梯角落來換氣。

8.如果濃煙多的時候，當你站著或蹲著都呼吸不到空氣時，只有趴在地板上方，鼻子距地面30公分以下始能吸到微薄新鮮空氣，此時宜以趴行方式逃生，雙眼閉著以雙手指頭代替眼睛，沿牆壁前進較容易找到逃生門。

◆安全防護

1.需立即關閉防火門及防閘門，以免濃煙及火舌竄入（**圖9-8**）。

2.關閉電梯及空調通風系統等設備之電源。

3.緊急處置易燃或較具危險性之機具設備，如關閉瓦斯管線或關閉鍋爐等。

4.在安全地點設置緊急救護站，備妥茶水、食物及急救用品，並協助照顧及安撫客人的情緒；若有受傷者立即協助診治或送醫急救，並登記其姓名、地址及電話。

5.劃定禁止進入區域，以防有人趁火打劫或偷竊，同時可保持火災現場之完整，避免遭受破壞，以利後續責任之追查及相關作業之進行。

◆災後處理

1.火勢撲滅後，須立即協助清點旅客及旅館的財產損失，並協助清理災後現場，以利儘快恢復原狀。

2.針對火災事件的原委及處理情形，完成一份專案報告，除了追究責任外，更可作為日後員工教育訓練之活教材，以防範類似情事之再度發生。

圖9-8　旅館防閘門須隨時關閉，勿任意開啟

旅館小百科

萬一受困火災現場時

1.迅速躲入外圍的向外房間，緊閉房門並關掉空調，以防濃煙侵入。
2.以溼毛巾、床單或毛毯將門縫及空調孔塞住。
3.將浴缸注滿水，並以垃圾桶裝水浸溼布巾。
4.若房內電話仍未中斷，應立即通知總機你受困的房間號碼或位置，以待救援。
5.走到陽台，站在背風面，並以手電筒、毛巾或床單向外揮動，以利救生員發現你受困位置而展開救援活動，唯嚴禁跳樓逃生。

二、地震意外事件

台灣地理位置座落在斷層帶、火山帶，因此地震頻率較高，甚至因建築物之倒塌所釀成之生命、財產損害不勝枚舉。旅館服務人員必須對防震緊急應變措施及其作業程序有正確的基本認識，始能保障顧客生命財產之安全，並降低災情之損害。茲將地震發生時的緊急危機處理要領，分述如下：

(一)地震發生時之應變措施

1.地震發生時，應立即先躲在安全的掩蔽體之下，如堅固桌子下方或主要樑柱旁等，切忌在第一時間往室外跑，以免被掉落物壓到或撞傷。
2.旅客若困在旅館房內或餐廳時，旅館須立即廣播安撫客人，並請客人以軟墊、沙發墊或托盤等物品保護頭部，同時尋找房內或餐廳較堅固的地方，如餐桌下方、牆角、支撐良好的門框下或主樑柱邊，以防受傷。
3.打開門窗，善用防煙面罩，並遠離吊燈、玻璃或窗戶。
4.地震時應立即滅掉火源並關閉瓦斯。
5.地震正在進行時，勿往樓梯跑，因為樓梯是建築物結構體最脆弱的地方。
6.地震時不可搭乘電梯，以免因停電被困在電梯內。

7.若欲開車離開建物避難，應將車子緩慢開往路邊停放，並暫時留在車內。

(二)緊急疏散旅客作業程序

1.緊急廣播狀況（**圖9-9**），告知旅客，並協助旅客往避難室疏散集合。
2.確實清點顧客及員工人數。
3.準備茶水、食物，並安撫旅客情緒及報告地震發展狀況。

(三)地震發生後之危機處理

1.若地震高達四級以上時，須設置戶外緊急避難區，並協助顧客移往該地區，同時清點掌控人數。
2.準備禦寒物品、茶水、食物，並極力安撫客人。
3.勿占用電話線路，以便留給需要緊急聯絡或求救的民眾優先使用。
4.總機應隨時收聽官方廣播，留意地震的後續消息，並隨時與指揮中心聯絡。
5.由公關發言人對客人說明狀況，以統一口徑。
6.勿前往災區圍觀，以免妨礙救災工作之進行。
7.若有員工因地震而受到驚嚇，心靈受創傷，則須尋求專業醫師協助，以免造成後遺症。

圖9-9　廣播擴音器

8.應以人身安全為考量，勿急著搶救財物。

三、房客意外事件

旅館所提供給旅客的產品服務當中，最重要的是安全舒適之信賴保證。唯旅館房客或前來消費的客人其個別差異甚大，往往會因個人身心健康、情緒變化或旅途勞累及水土不服等因素，而造成一些突發意外狀況。茲列舉較常發生的房客意外事件及其處理要領，予以介紹如後：

(一)房客生病事件

1.當發現或接獲通知旅館房客生病時，須立即通報房務部，再由房務主管視情節狀況，通報大廳值班經理或旅館醫務室，並儘速前往協助處理。

2.旅館須依房客要求或依實際狀況，代為聘請醫師或送特約醫院診治。唯不可隨便接受房客要求，而由服務人員代為買藥供生病的房客服用。

3.房客若有流血情況，則須先行緊急為其止血包紮，再轉送醫院；若房客陷入昏迷或情況危急，則須先通知醫院或通報119，儘速派救護車前來，在救護車未抵達前，須先施予心肺復甦術及人工呼吸，一直到救護車前來為止。

4.運送房客前往醫院時，旅館須事先規劃好救護車停車位置及救護人員進出通路，最好利用旅館警衛室後門出入，並以員工電梯作為上下通路。唯房客情況危急時，為爭取時效，應以最迅速方式，如內部控管直達電梯送醫急救。

5.旅館相關人員須陪同房客一起前往醫院，並協助處理。若房客須住院觀察，此時旅館須派員攜帶水果或鮮花前往探視並表關懷之意。

6.旅館相關人員須主動詢問房客，是否須代為通知其在台親友或其他人員，以利照護等後續作業。

7.房客送醫診治若須留院，其房內私人財物如果無親友出面代為處理時（**圖9-10**），須由旅館大廳值班經理會同房務主管共同雙鎖其房門，並等候進一步指示。

8.房客若經診斷為法定傳染病患者時，旅館須依醫院指示，將客房備品報請銷毀，並將整個客房房間全面澈底消毒。

圖9-10　房客送醫住院時，其房內私人物品宜請親友代為處理

9.旅館房務部須針對此房客意外事件做一份詳實的書面報告，確實說明事件原委、處理經過及後續追蹤事宜，經陳核後再建檔存參。

(二)房客醉酒事件

1.旅館門衛發現外歸醉酒的房客時，須請服務中心人員協助扶持護送客人入房，並立即通報房務部樓層服務檯，隨時注意及提供必要支援。

2.房務人員接到通報，須立即前往房客房間協助看護，並勸導其入睡或在房內休息。若發現房客有嘔吐不適的徵兆，則須扶持其前往浴室並協助嘔吐於馬桶內，再將垃圾桶鋪設清潔袋置放於床邊備用。

3.房客若攜帶打火機、水果刀或火柴，須先收走以防意外。

4.萬一醉酒的房客在房內大聲喧譁吵鬧或再度飲酒，房務員應通知值班經理，並會同安全人員前來安撫規勸客人，以免影響其他住客之安寧。若房客仍不聽勸導，則應設法請其退房遷出。

5.若醉酒的房客將客房汙損，則須在事後依旅館規定，向房客索取特別清潔費用。

6.醉酒的房客若有叫喚服務，房務員須會同主管一同前往，女房務員應避免獨自前往服務，以防意外。此外，客人若再叫酒，則應婉拒，絕不可再賣酒給房客（**圖9-11**）。

7.事件結束後，房務員須將整個事件始末詳加記錄，並將房客列入黑名單，作為日後訂房時參考。

(三)竊盜事件

旅館若接到房客投訴其客房內的財物有短缺或失竊情事時（**圖9-12**），須立即知會值班經理、警衛室及房務部等部門來共同處理。其處理的程序與要領如下：

1.首先封鎖現場並保留現場各項證物，由旅館上述部門的人員共同會勘，並將失竊情形詳加記錄。

2.調閱旅館監控系統的錄影帶，進一步瞭解進出此客房的相關人員以利查證。

3.若經調查並無可疑人員進出時，須請房客再幫忙找一下。唯絕不可讓房客心存一種「旅館須負責賠償之責」的僥倖心態。法律上所謂「損害賠償」僅允許合理的賠償，不能因損害而賺取利益。

4.若遺失財物確定無法找回來，且房客堅持報警處理時，則由旅館警衛室

圖9-11　房客醉酒時酒吧不可再提供酒類服務

圖9-12　客房若發生竊盜事件時，須先保留現場完整

代為報案。若正式向警方報案，由於竊盜罪為公訴罪，不得私下解決。

5.警方人員到達旅館後，宜由旅館警衛室出入，並全程由警衛室安全人員陪同房客及警方人員做案情調查。除相關人員外，此案情一律不得對外公布。若查獲竊賊，雙方當事人不可「私了」，民事上可和解，唯仍需負刑事上責任。

6.旅館須將此失竊事件之處理情形，詳載於值班經理工作日誌並建檔存參。

(四)房客瓦斯中毒事件

目前酒店式公寓旅館興起，此類旅館客房均配置有簡易廚房及衛浴設備，若房客操作不慎或瓦斯外洩，極可能造成瓦斯中毒。其處理要領如下：

1.首先應以溼毛巾掩住口鼻，迅速先將瓦斯關閉。

2.立即打開室內所有門窗，以利沖淡室內瓦斯，但絕對嚴禁扳動電源開關，如抽風機，以防爆炸。

3.將患者迅速抬到通風良好的地方，令其靜臥。

4.如果患者已呈昏迷狀態或呼吸停止，此時須先給予人工呼吸急救，並迅速送醫診治。

(五)房客燙傷、灼傷事件

關於房客不慎燙傷或灼傷，其處理要領如下：

1.若不小心被熱沸油湯或爐火燙灼，此時應遵循「沖、脫、泡、蓋、送」五大步驟處理。
2.首先以流動冷水沖洗傷口15～30分鐘。
3.再於水中小心脫掉受傷部位衣物。
4.再用冷水浸泡15～30分鐘。
5.將受傷部位以乾淨的布巾覆蓋。
6.最後再送醫診治。

(六)房客吸毒派對事件

由於旅館隱密性高且不易被警方臨檢，因此有些客人會利用旅館客房進行吸毒派對等非法活動。為維護旅館聲譽形象並保障其他房客的安全，旅館房務人員務須提高警覺妥加防範，其作業程序及要領如下：

1.房務員若發現客房內有大量毒品、注射針筒等違禁品，或房客自行帶回或約見多名神情異常的訪客時，應提高警覺，並將相關情事立即通報房務部辦公室，加強對該樓層客房的監控（**圖9-13**）。
2.房務部辦公室須與旅館安全部門的人員共同暗中監控，先確認情況及避免不必要的誤會。
3.監控時，務須全程錄影以蒐集相關證據。若事證明確或有突發事件時應報警處理，並提供警方人員相關證物，如監控錄影帶等。
4.發現房客有上述吸毒派對等違法情事後，應將該事件詳加記錄，並將房客列入黑名單，而不再接受其日後的訂房住宿服務。

(七)房客企圖自殺事件

當房務員發現房客神情沮喪、精神恍惚不定、暗自流淚、房內有大量安眠藥、鎮定劑，或客房一直掛「請勿打擾」卡及不接聽任何電話等可疑情況時，須立即通報處理，其處理程序及要領如下：

1.當房務員發現房客有上述可疑情況時，須立即將所發現的各項情節，報

圖9-13　房客若有吸毒派對之嫌須加強樓層監控

請房務部辦公室處理。

2.房務部主管及大廳值班主管瞭解相關情事後，通常會儘快選擇適當時機前往客房進行訪談，並抒解其情緒。

3.若房客的情緒一直無法穩定或改善時，則應找出房客的基本資料，設法通知其緊急聯絡人或親友。必要時，可委婉請其遷出，以免發生意外。

4.將房客姓名輸入電腦列入黑名單，並作為日後訂房的參考（**圖9-14**）。

(八)房客死亡事件

當旅館房務人員進入客房，發現房客臥倒房內，此時務必保持冷靜，先確認房客是否尚有生命跡象。若有，則需先施予心肺復甦術急救，並同時通報主管協助送醫急救；萬一發現房客確已無生命跡象時，其作業程序要領為：

◆封鎖保持現場狀況

須沉著冷靜應變，不可驚慌尖叫而影響其他房客。此時，絕對不可移動客人身體或房內任何物品，迅速退出客房並將房門雙鎖，以保持命案現場。

圖9-14　黑名單旅客資料須建檔列管

◆通報房務主管

房務員須立即通報房務主管，再會同旅館最高主管及安全部人員共同協商處理，並通報當地治安單位。

◆通知房客的家屬

立即通知房客本人的家屬前來認領及處理後事。若房客為外籍人士，則應通知該國在台領事館或駐台機構，請其派員前來協助處理。

◆保密並封鎖訊息

旅館相關人員對此事件不可外揚，也不主動對外發表新聞稿，其他人員更不應該好奇而去打聽不該知道的消息。任何旅館員工均負有保護客人隱私之責任。

◆搬運大體

現場經檢察官及法醫勘驗並出具死亡證明書後，始可搬運大體，此工作旅館僅從旁協助，並不直接參與搬運工作。搬運大體離開客房時，須以背負式而儘量勿使用擔架來搬運，並由員工電梯及旅館後門來進出，以避免驚動其他旅客。

◆善後處理

房客住宿的客房須全面加以消毒及灑淨，同時將客房內的所有備品一律銷毀，以最快速度將客房恢復原狀。

四、其他突發意外事件

旅館突發意外事件，除了上述各項外，尚有臨時電力中斷、停水等事件，茲摘述其處理要領如下：

(一)停電事件

1. 旅館若電力突然中斷，服務人員應保持冷靜勿大聲喊叫，並立即通知工務部檢修及查明原因。
2. 旅館應立即啟動自動發電機，並同時將緊急照明燈打開（**圖9-15**）。
3. 服務中心人員須馬上查看電梯內是否有旅客被困在裡面。若有，則須請總機人員儘量利用緊急電話與受困旅客保持通話，以安撫其不安的情緒，並請其安心等候救援。此外，須由工務部會同電梯保養員，於最短時間內趕到現場，以協助旅客脫困。
4. 事後須向旅客致歉並委婉說明停電原因，同時將整個事件處理過程，詳載於工作日誌或記事本存查。

圖9-15　緊急照明燈

(二)停水事件

1.旅館通常均備有儲水措施，唯有時因停水時間太久，或因其他意外而無法解決供水問題時，須立即發出臨時停水通知，告知房客停水的原因並致歉，以取得客人的諒解。

2.為解決臨時供水問題，旅館可請自來水公司派車將水運到旅館，唯此項服務僅適用於白天。因此旅館平常最好多增置一些水塔或儲水槽備用，以防不時之需。

教學活動設計

主題	旅館顧客抱怨事項的處理
性質	腦力激盪、價值澄清
地點	教室
時間	20分鐘
方式	1.教師上課前，先請每位同學試想：「假如我是旅館大廳副理，當有顧客以非常不滿的口吻向您抱怨抗議時，您將會如何處理。」 2.教師可先將顧客抱怨事項產生的原因及一般處理的原則稍加重點提示，以利學生自由聯想及觀念澄清。 3.教師重點提示後，可開始隨機抽點班上學生數名，分別上台報告其做法及觀點，同時要求其他同學注意聆聽並摘記其要點加以比較，進而形成自己的觀點。 4.教師綜合講評，除了指出正確處理步驟與要領外，並提醒同學唯有不斷創造顧客滿意度，始能將顧客抱怨事項消弭於無形。

評分	評分項目	評分重點		配分	評分	備註
	服裝儀容（20%）	服裝整潔		10		
		儀態端莊		10		
	表達能力（20%）	口齒清晰		5		
		肢體語言		5		
		邏輯思考		10		
	專業知能（40%）	內容詳實		20		
		具創意特色		20		
	服務態度（20%）	服務熱忱		10		
		敬業精神		10		
評分教師		總分		總評		

學習評量

一、解釋名詞

1.服務態度
2.服務印象
3.A類火災
4.D類火災
5.滅火的黃金時刻
6.火災三大殺手

二、問答題

1.旅館常見的顧客抱怨事件，概可歸納為哪幾大類？其中以哪一類最常見？
2.如果你是旅館客務經理，你認為旅館該如何來防範顧客抱怨事件呢？試申述己見。
3.若有旅館顧客向大廳經理抱怨，你認為該顧客有何心理上的需求？
4.假設你是旅館GRO，當有旅館住店旅客前來向你投訴時，請問你將會如何處理？
5.你認為旅館所發生的緊急意外事件當中，以何者為最嚴重？並請說明其發生要件。
6.如果你是旅館樓層房務領班，若發現房客情緒不穩有自殺的傾向時，請問你將會如何處理？

Chapter

10 客房服務專業術語

單元學習目標

- ◆瞭解旅館床型的專業英文
- ◆瞭解旅館客房設備及器具的英文
- ◆瞭解客房衛浴設備的英文
- ◆瞭解旅館客房服務專業術語
- ◆熟練旅館客房服務英語
- ◆培養良好外語應對能力

現代的旅館為提供來自世界各地的旅客溫馨、親切、熱情的接待服務，並確保服務品質達一定的專業水準，通常均會採用系列國際化、標準化的旅館專業術語，以確保資訊傳遞溝通管道順暢準確。本章將針對觀光星級旅館常見的專業名詞、術語及用語等，予以詳加介紹。

 第一節　旅館客房設備與備品

一位優秀的房務員不僅須熟練旅館房務作業技巧，尚須瞭解客房各項設備及備品的英文名稱，始能扮演好其在職場的角色。本單元將分別就現代觀光星級旅館常見的客房設備及備品，予以介紹。

一、旅館客房的床鋪

現代國際觀光旅館常見的床鋪，其類型計有下列幾種：

1.單人床（Single Bed）（圖10-1）。

圖10-1　Twin是擺放兩張單人床的雙人房

註：本圖由新北市深坑假日飯店協助拍攝

2.雙人床（Double Bed）。
3.大號雙人床（Queen-Size Bed）。
4.特大號雙人床（King-Size Bed）。
5.折疊床（Extra Bed）。
6.嬰兒床（Baby Cot）。
7.好萊塢式床（Hollywood Bed）。
8.沙發床（Studio Bed）。
9.門邊床（Door Bed）。
10.隱藏式床（Hide-A-Bed）。
11.床頭櫃（Bed Table）。
12.床頭板（Headboard）。
13.彈簧墊（Mattress）。

二、旅館客房的設備及器具

旅館客房常見的家具、設備及器具，介紹如下：

1.家具（Furniture）（**圖10-2**）。
2.行李架（Baggage Rack）。
3.壁櫥（Hall Closet）。
4.衣櫥燈（Closet Light）。
5.穿衣鏡（Dressing Mirror）。
6.電話（Telephone）。
7.貴妃椅（Chaise）。
8.化妝檯（Dressing Table）。
9.檯燈（Table Lamp）。
10.落地燈（Floor Lamp）。
11.小夜燈（Nightlight）。
12.手電筒（Flash Light）。
13.窗簾盒（Curtain Box）。
14.扶手椅（Arm Chair / Chaise）。

圖10-2　客房家具

15.電視櫃（Television Cabinet）。
16.電視遙控器（TV Remote Control）。
17.迷你吧檯（Minibar）。
18.電冰箱（Refrigerator）。
19.垃圾桶（Trash Can）。
20.煙霧偵測器（Smoke Detector）（圖10-3）。
21.空氣清香器（Air Freshener）。
22.門鍊（Chain Lock）。
23.窺視孔（Peep Hole）。

三、客房衛浴間設備及器具

現代旅館衛浴設備均重視乾、溼分離，其主要設備器具如下：

1.洗臉檯（Counter）。
2.洗臉盆（槽）（Sink）。
3.浴缸（Bath Tub）。

圖10-3　客房煙霧偵測器

4.浴簾（Shower Curtain）。

5.蓮蓬頭（Shower Head）。

6.馬桶（Toilet）。

7.下身盆／免治馬桶 （Bidet）（圖10-4）。

8.吹風機（Hair Dryer）。

9.毛巾架（Towel Rack）（圖10-5）。

10.面紙盒（Tissue Paper Dispenser）。

四、房務清潔作業的設備器具

「工欲善其事，必先利其器」，旅館房務員在執行房務清潔工作時，通常均需運用下列設備器具：

1.布巾備品車（Linen Cart）。

2.吸塵器（Vacuum Cleaner）。

3.電動打蠟機（Electric Wax Machine）。

圖10-4　免治馬桶

圖10-5　毛巾架

4.地毯清潔機（Carpet Cleaner）。
5.工作梯（Working Ladder）。
6.樓層通用鑰匙（Floor Master Key）。
7.全館通用鑰匙（General / Grand Master Key）。
8.雙鎖鑰匙（Double Locked Key / Emergency Key）。

旅館小百科

旅館的鑰匙

旅館的客房鑰匙除了房客所持有的房門鑰匙外，尚有房務員整理客房時，可打開所要清潔樓層所有客房的樓層通用鑰匙，以及總經理保管的全館通用鑰匙，可開啟全館所有客房房間，該鑰匙可供作為旅館緊急鑰匙（Emergency Key），除了總經理保管一把外，另有一把置存旅館櫃檯保險箱備用。有些旅館尚備有「雙鎖鑰匙」，可打開由房內用手動反鎖的客房，此鑰匙全館僅由總經理保管，藉以加強防護客房的安全。

五、客房布巾及備品

旅館客房常見的備品，介紹如下：

(一)客廳、客房及衣櫥間

1.服務指南（Service Directory）。
2.便條紙（Memo）。
3.工商分類電話簿（Yellow Pages）。
4.聖經（Bible）。
5.節目表（卡）（Program Card）。
6.小冊子（Brochure）。
7.雜誌（Magazine）（圖10-6）。
8.信封（Envelope）。
9.明信片（Post Card）。
10.信紙（Writing Paper）。
11.文具夾（Stationery Folder）。
12.迷你吧清單（Minibar List）。
13.杯墊（Coaster）。

圖10-6　客房擺設的雜誌

14.調酒棒（Cocktail Stick）。

15.保溫瓶（Hot Water Dispenser）。

16.面紙盒（Tissue Paper Dispenser）（圖10-7）。

17.保潔墊（Bed Pad）。

18.床單（Bed Sheet）。

19.床罩（Bed Cover）。

20.床裙（Bed Skirting）。

21.毛毯（Blanket）。

22.羽絨被（Down Comforter）。

23.枕頭（Pillow）。

24.衣架（Hanger）。

25.洗衣單（Laundry List）。

26.洗衣袋（Laundry Bag）。

27.衣刷（Clothes Brush）。

28.手電筒（Flash Light）。

29.保險箱（Safety Box）（圖10-8）。

圖10-7　面紙盒

圖10-8　客房保險箱

30.鞋拔（Shoe Horn）。

31.鞋刷（Shoe Brush）。

32.拖鞋（Slipper ）（圖10-9）。

33.浴袍（Bathrobe / Yukata）。

34.電熨斗（Iron）。

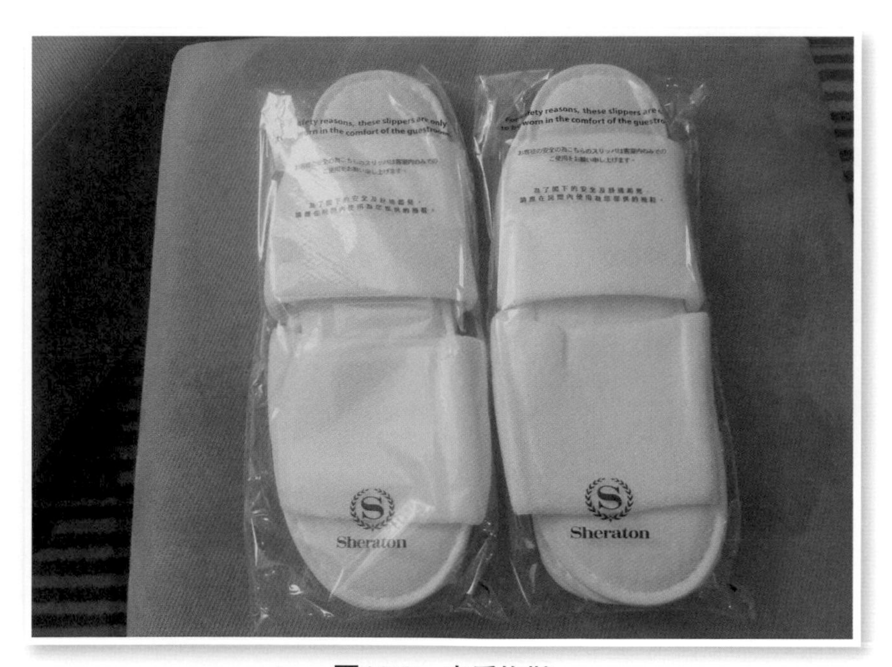

圖10-9　客房拖鞋

35.磅秤（Scale）。
36.購物袋（Shopping Bag）。
37.針線包（Sewing Kit）。

(二)衛浴間

1.浴巾（Bath Towel）。
2.小毛巾（Hand Towel）。
3.面巾（Wash Towel）。
4.浴帽（Shower Cap）。
5.沐浴乳（Bubble Bath）。
6.洗髮精（Shampoo）。
7.潤絲精（Conditioner）。
8.牙膏（Toothpaste）。
9.牙刷（Toothbrush）。
10.肥皂（Soap）（圖10-10）。
11.棉花棒（Cotton Swab）。

圖10-10　香皂、沐浴乳及小毛巾

圖10-11　止滑浴墊

12.刮鬍刀（Razor）。

13.刮鬍膏（Shaving Cream / Shaving Foam）。

14.面紙盒（Tissue Paper Dispenser）。

15.梳子（Comb）。

16.浴墊（Bath Mat）。

17.止滑浴墊（Non-slip Bathtub Mat）（**圖10-11**）。

18.衛生袋（Sanitary Bag）。

第二節　旅館客房服務常見的專業術語

旅館為提供旅客迅速便捷的接待服務，並確保旅館服務品質的一致性及一定水準，通常均會採用系列標準化的專業用語，以確保服務傳遞系統資訊溝通管道的順暢與準確。茲針對旅館客務部與房務部常見的專業術語，列表說明如**表10-1**。

表10-1　旅館客務部與房務部專業術語

專業名詞	內涵說明
房間分配表（Master Arrival Report）	此表係供櫃檯人員出售及調配客房使用，通常在當天中午十二點前要完成，以利客人進住。
遷入（Check-in, C/I）	旅客進住旅館的住宿登記手續，旅館通常在下午三點始讓旅客辦理進住手續。
遷出（Check-out, C/O）	旅客遷出旅館時間為中午十二點，若超過時間會加收額外逾時房租。
散客，個別旅客（Flight Individual Traveler, FIT）	係指團體訂房以外之旅客，如已訂房的個別旅客，或未訂房而臨時進住的旅客（Walk In）。
團體旅客（Group Inclusive Tour, GIT）	係指旅行社團體的訂房，或公司行號以團體名義訂房之旅客。通常團體訂房以八間以上為原則，始享有特別團體優惠價。
保證訂房（Guaranteed Reservation, GTD）	係已接受訂金，保證房間已保留。
超額訂房（Overbooking）	旅館在旺季為求提高住房率、增加營運收入，通常會依以往No Show旅客人數比率約2～3%作為超額訂房的數量，此為訂房組重要職責。
無故未到（No Show, N/S）	已訂房旅客，但未事先取消訂房，也未如期進住。
空置房（Sleeper）	本為空房，但櫃檯房間控制盤誤植為有人住宿，另稱呆房。
保留房（Room Blocking）	旅館預留客房給團體或VIP客人的作業方式。
續住房（Occupied Room, OCC）	房間已有房客續住使用另稱Stay Room/Stay Over。
公務用住房（House Use）	此類客房為專供旅館高階主管或駐店經理使用的公務房間。
免費住宿招待（Complimentary）	旅館為了公關行銷，有時會免費招待重要客人住宿。
請勿打擾（Do Not Disturb, DND）	此為房門掛牌，通知旅館服務員勿打擾。
延時退房／續住（Due Out；Late C/O）	已達退房時間，但客房尚在使用中；房客臨時延長住宿時間，而旅館事先並未被告知。
長期住宿客人（Long Staying Guest）	為長期住宿該旅館的客人，其價格有特別折扣，約六至七折。
已登記而未進住（Did Not Stay, DNS）	係指旅客已辦遷入登記，唯因故未進住即離去。另稱為Sleep Out。
未訂房的客人（Walk In）	客人並未事先訂房，而逕自前來旅館辦理進住手續。
房客取走的客房備品（Walk Out）	房客退房離去，所取走的客房備品。
快速遷出退房（Express）	現代旅館提供給房客最便捷的一種服務方式。
跑帳旅客（Skipper）	客人已遷出旅館，但並未辦理結帳手續。
延遲帳（Late Charge, LC）	客人退房離店後，櫃檯才收到其他營業單位的帳單，此帳需追繳，保留半年後，若無法收回才以呆帳處理。

（續）表10-1　旅館客務部與房務部專業術語

專業名詞	內涵說明
房間狀況報表（Housekeeping Room Report）	房務員打掃整理客房以後，須將房間情況填在此表上。大部分以代號來表示客房現況： VC：Vacant & Clean，乾淨，已整理好的客房。 VD：Vacant & Dirty，已遷出，尚未整理的客房。 VR：Vacant & Ready，表示空房，待銷售。 OC：Occupied & Clean，已整理好的續住房。 OD：Occupied & Dirty，尚未整理好的續住房。 OOO：Out of Order，故障房（可在短時間內修復）。 OOI：Out of Inventory，故障房，無法在短時間內修護（不堪使用的故障房）。

第三節　客房服務英語

一位優秀的旅館服務人員，除了須具備良好人格特質、整潔端莊的儀態及專精純熟的專業知能外，尚須具備良好的外語表達能力，始能瞭解並適時提供客人所需的服務，本單元將分別就旅館房務人員在職場服務所需的用語，予以摘述。

一、樓層客房接待用語

1.Welcome to this floor, I'm the floor attendant.
歡迎您進住本樓層，我是這裡的房務員。

2.May I show you to your room?
我帶領您去房間好嗎？

3.How many pieces of baggage do you have?
您的行李總共有幾件？

4.Your baggage will be sent here shortly.
您的行李很快就會送來。

5.Sorry to have kept you waiting.
抱歉，讓您久等了。

6.May I have your key, please? Let me open the door for you.
請給我您房間的鑰匙好嗎？讓我替您開門。

7.This is the Service Directory which gives you an introduction to hotel service.
這是旅館服務指南，介紹本飯店各種服務項目。

8.There's a 220/110 volt socket in the bathroom.
衛浴間有一個220/110伏特的電源插座。

9.I'll bring you one more quilt.
我會再幫您多拿一條被子（羽絨被）。

10.Please dial "0" to contact the operator for wake-up call.
請撥「0」與總機聯繫安排喚醒服務。

二、客房房務清潔作業用語

1.(Knocking on the door) Housekeeping, may I come in?
（敲門）客房房務服務，我可以進來嗎？

2.May I clean the room now?
我現在可以為您打掃房間嗎？

3.When would you like me to do your room?
您希望我什麼時候來整理房間？

4.Would you mind opening the window?
可以將窗戶打開嗎？

5.May I do the turndown service for you now?
我現在可以為您做開夜床服務嗎？

6.If you want to have your room cleaned extra quickly, please hang the "Cleaning" sing on the door.
若您希望儘快清掃房間，煩請將「清潔房間」牌，掛在門把上。

7.I'm sorry to hear that. I'll send someone up to your room to fix it.
聽到這事深感抱歉，我會叫人到您房間去修理。

8.I'll come back later.
我會晚一點再來。

9.Sorry to disturb you. I'll be back at that time.
抱歉打擾您了，我將會在那時候再來。
10.We'll make up the bed and replenish all room supplies for you.
我們將會為您做床並補充客房補品。

三、客房餐飲服務用語

1.Good evening, Room Service. May I help you, Sir?
晚安！這是客房餐飲服務中心。先生，我能為您服務嗎？
2.I'd like to order breakfast for tomorrow morning.
我想要訂明天早餐。
3.We provide very good room service, sir.
先生，我們有提供非常好的「客房餐飲服務」。
4.This is your knob menu.
這是門把菜單（客房服務菜單）。
5.Just mark down the items on the menu, and hang it outside your door before you go to bed tonight.
請在菜單上勾選所需品名項目後，今晚就寢前，將它掛在門外把手上。
6.The total include a 15% room service charge and 5% tax.
此費用總金額包括15%客房餐飲服務費及5%的稅金在內。
7.Pleade sign your name here.
請在此簽名。
8.There is a 15% surcharge for room service.
客房餐飲服務需另加15%的費用。
9.Where would you like this tray placed?
托盤您想放在哪裡？
10.After finish your breakfast, please leave the plates outside your door.
早餐用完後，煩請將餐盤放在門外。

四、洗衣服務用語

1.Do you offer laundry service here? I've some shirts to be cleaned.
你們這裡有洗衣服務嗎？我有一些待送洗的襯衫。

2.Our laundry service is available from 8:00 a.m. to 10:00 p.m.
我們旅館洗衣服務時間自上午八點，一直到晚上十點。

3.The rate chart is in your dresser's drawer.
價目表在您的化妝檯抽屜內。

4.We offer regular and express service.
我們提供一般送洗與快洗服務。

5.The housekeeper will come to serve you shortly.
房務員將馬上為您服務。

6.If you have something to be washed, please just leave them in the laundry bag.
如果您有要送洗的衣物，請直接放在洗衣袋內。

7.Your laundry will be picked up before 9:00 a.m. and returned 6:00 p.m.
您的送洗衣物將會在上午九點前收走，下午六點前送回。

8.Please fill out the laundry list, and put it in the laundry bag.
煩請填好洗衣單，再將它放入洗衣袋內。

9.Would you like dry-cleaning or washing?
您需要乾洗或水洗的服務？

10.The shirt should be pressed and sewed.
這件襯衫需整燙及修補。

學習評量

一、解釋名詞

1.Linen Cart

2.Master Key

3.Emergency Key

4.GTO

5.Overbooking

6.House Use

二、問答題

1.現代國際觀光旅館常見的床鋪類型有哪幾種？請以中英文列舉三種。

2.目前星級旅館客房常見的設備及家具很多，請以中英文列舉五項。

3.請以英文列出客房衛浴間的設備或器具名稱三種。

4.旅館房務員在執行房務清潔工作時，通常會使用哪些設備或器具？

5.旅館客房常見的備品很多，請以中英文列舉五種客房文具紙張備品名稱。

6.請以中英文列舉客房衛浴備品五種。

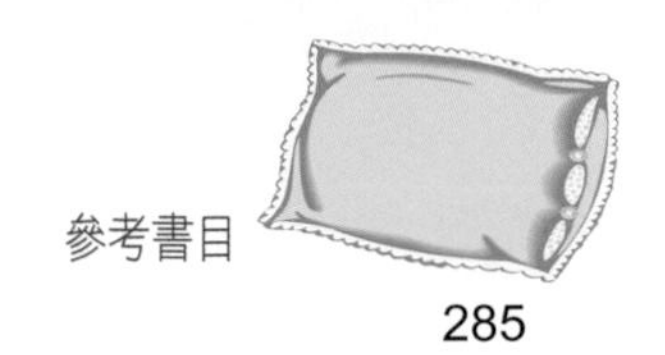

參考書目

內政部消防署防災知識網（2012）。消防設備篇、天然災害篇。

行政院勞工委員會中部辦公室（2012）。餐旅服務丙級技術士技能檢定術科測試應檢參考資料。

余慶華（2012）。《現代商務旅館經營管理實務》。新北市：揚智文化。

林玥秀、劉元安、孫瑜華等五人（2004）。《餐館與旅館管理》。新北市：國立空中大學。

高梅英、蔡黨英（2010）。《客房服務員》北京：中國勞動社會保障出版社。

張麗英（2003）。《旅館房務理論與實務》。新北市：揚智文化。

郭春敏（2010）。《房務作業管理》。新北市：揚智文化。

郭春敏（2010）。《旅館管理》。新北市：揚智文化。

鈕先鉞（2004）。《旅館營運管理與實務》。新北市：揚智文化。

楊上輝（2010）。《旅館經營管理實務》。新北市：揚智文化。

楊宏雯等譯（2004）。《餐旅服務業管理》。台北：桂魯公司。

詹益政（2002）。《旅館管理實務》。新北市：揚智文化。

蘇芳基（2008）。《餐旅服務管理與實務》。新北市：揚智文化。

旅館服務技術

作　　者／蘇芳基
出 版 者／揚智文化事業股份有限公司
發 行 人／葉忠賢
總 編 輯／閻富萍
特約執編／鄭美珠
地　　址／新北市深坑區北深路三段 260 號 8 樓
電　　話／(02)8662-6826
傳　　真／(02)2664-7633
網　　址／http://www.ycrc.com.tw
E-mail ／service@ycrc.com.tw
印　　刷／鼎易印刷事業股份有限公司
ISBN ／978-986-298-095-8
初版一刷／2013 年 6 月
初版二刷／2017 年 5 月
定　　價／新台幣 400 元

國家圖書館出版品預行編目（CIP）資料

旅館服務技術 / 蘇芳基著. -- 初版. -- 新北
市：揚智文化, 2013.06
面； 公分

ISBN 978-986-298-095-8 (平裝)

1.旅館業管理

489.2　　102009998